LES CHATS NOUS PARLENT

Illustrations: José Dennis

Données de catalogage avant publication (Canada)

Dibra, Bashkim
Les chats nous parlent

(Des animaux et des hommes)
Traduction de: Cat Speak

1. Chats - Mœurs et comportement. 2. Chats - Dressage. 3. Relations homme-animal. I. Titre. II. Collection

SF446.5.D5314 2003 636.8'088'7 C2002-941987-5

DISTRIBUTEURS EXCLUSIFS:

- Pour le Canada et les États-Unis:
MESSAGERIES ADP*
955, rue Amherst
Montréal, Québec
H2L 3K4
Tél.: (514) 523-1182
Télécopieur: (514) 939-0406
* Filiale de Sogides ltée

- Pour la France et les autres pays:
VIVENDI UNIVERSAL PUBLISHING SERVICES
Immeuble Paryseine, 3, Allée de la Seine
94854 Ivry Cedex
Tél.: 01 49 59 11 89/91
Télécopieur: 01 49 59 11 96
Commandes: Tél.: 02 38 32 71 00
Télécopieur: 02 38 32 71 28

- Pour la Suisse:
VIVENDI UNIVERSAL PUBLISHING SERVICES SUISSE
Case postale 69 - 1701 Fribourg - Suisse
Tél.: (41-26) 460-80-60
Télécopieur: (41-26) 460-80-68
Internet: www.havas.ch
Email: office@havas.ch
DISTRIBUTION: OLF SA
Z.I. 3, Corminbœuf
Case postale 1061
CH-1701 FRIBOURG
Commandes: Tél.: (41-26) 467-53-33
Télécopieur: (41-26) 467-54-66
Email: commande@ofl.ch

- Pour la Belgique et le Luxembourg:
VIVENDI UNIVERSAL PUBLISHING SERVICES BENELUX
Boulevard de l'Europe 117
B-1301 Wavre
Tél.: (010) 42-03-20
Télécopieur: (010) 41-20-24
http://www.vups.be
Email: info@vups.be

Pour en savoir davantage sur nos publications,
visitez notre site: **www.edjour.com**
Autres sites à visiter: www.edhomme.com • www.edtypo.com
www.edvlb.com • www.edhexagone.com • www.edutilis.com

L'ouvrage original américain a été publié
par G. P. Putnam's Sons,
division de Penguin Putnam Inc.
sous le titre *Cat Speak*

Dépôt légal: 1er trimestre 2003
Bibliothèque nationale du Québec

ISBN 2-8904-4729-4

Gouvernement du Québec – Programme de crédit d'impôt pour l'édition de livres – Gestion SODEC.

L'Éditeur bénéficie du soutien de la Société de développement des entreprises culturelles du Québec pour son programme d'édition.

Nous reconnaissons l'aide financière du gouvernement du Canada par l'entremise du Programme d'aide au développement de l'industrie de l'édition (PADIÉ) pour nos activités d'édition.

Bash Dibra

avec la collaboration de Elizabeth Randolph

LES CHATS NOUS PARLENT

DES ANIMAUX
ET
DES HOMMES

Traduit de l'américain
par Louise Chrétien

le jour, éditeur

Introduction

J'ai toujours aimé les chats

Je connais une fable qui me plaît bien. Le Diable, sachant que Dieu avait créé la Terre et toutes les créatures qui la peuplaient, décida de créer les souris afin qu'elles détruisent les récoltes et, par conséquent, l'humanité. Voyant cela, Dieu créa les chats pour détruire les souris du Diable. Et c'est ainsi que depuis ce temps, les chats ont toujours été de véritables amis et de merveilleux compagnons pour l'homme, ainsi que de grands chasseurs à son service.

Pourquoi moi, Bash Dibra, réputé dresseur des « *chiens* des vedettes », suis-je en train d'écrire un ouvrage sur les chats? Qu'est-ce que je connais sur les chats et pour quelle raison ai-je envie d'écrire à leur sujet ? Ce sont des questions tout à fait légitimes. Après tout, j'ai écrit trois ouvrages sur les chiens et leur comportement*; à titre de spécialiste des chiens, j'ai participé à de nombreuses émissions de télévision au cours desquelles je faisais la démonstration de divers aspects du dressage des chiens ; j'ai parrainé des événements sur les chiens, par exemple des marches de chiens au profit de la société américaine de prévention de la cruauté envers les animaux ; alors, pourquoi suis-je soudainement en train d'écrire sur les chats ?

Dans cette introduction, je vous parlerai de mon intérêt de toujours pour les chats. Je vous décrirai comment j'ai appris à les connaître et j'essaierai de vous expliquer tout ce que vous devez savoir sur eux. Les gens qui me connaissent savent bien que je m'intéresse à *tous* les animaux, à ce qui les « allume » et aux façons de communiquer avec eux. Quand j'étais enfant, ma famille et moi avons traversé l'Europe pour fuir l'Albanie communiste ; nous séjournions toujours dans des fermes à la campagne. Avant cela, nous avions passé du temps dans un camp d'internement, où je m'étais lié d'amitié avec les chiens de garde, ce qui m'avait appris beaucoup de choses sur eux et sur leur comportement. Quand nous avons commencé à loger dans des fermes, je me suis mis à passer le plus clair de mon temps dans la grange pour connaître toutes les créatures qui y habitaient. Il y avait toujours de nombreux chats, qui m'intriguaient beaucoup, surtout parce qu'ils étaient très

* *Dog Training by Bash* (Dutton, 1991 ; Signet, 1992) et *Teach Your Dog to Behave* (Dutton, 1993 ; Signet, 1994), en collaboration avec Elizabeth Randolph, et *Dog Speak,* en collaboration avec Mary Ann Crenshaw (Simon & Schuster, 1999).

différents des chiens que j'avais connus. J'ai commencé à comprendre peu à peu comment leur « parler » et comment les encourager à me répondre.

Plus tard, quand nous avons été installés à New York, il y a toujours eu des chats et des chiens à la maison. Une fois mes études secondaires terminées, j'ai été accepté à la faculté de médecine vétérinaire de l'université Cornell. Malheureusement, j'ai dû interrompre mes études en première année, car mon père, tombé gravement malade, est décédé. Comme j'étais l'aîné de quatre enfants, j'ai dû retourner à la maison et aider à faire vivre ma famille. Je me suis alors inscrit à un collège local où j'ai étudié le comportement animal.

Pendant que j'étudiais à temps partiel, j'ai commencé à faire du dressage de chiens à domicile. Presque tous les propriétaires de chiens chez qui je me rendais avaient aussi au moins un chat. Tout en dressant leur chien, il m'arrivait souvent de les aider à corriger les comportements répréhensibles de leur chat. C'est ainsi que j'ai été recommandé à de nombreux propriétaires de chats ; en fait, plusieurs membres de l'association de médecine vétérinaire de New York m'ont recommandé à leurs clients qui avaient des problèmes avec leurs chats.

À cette époque, dresseur de chats n'était pas une profession reconnue. Je me suis donc bâti une réputation surtout comme dresseur de chiens. J'ai fondé StarPet (www.starpet.com), une agence de recrutement d'animaux talentueux, et j'ai dressé des chats pour le cinéma et la publicité à New York et en Californie. J'ai travaillé pour nombre d'agences de publicité bien connues, comme Benton & Bowles, J. Walter Thompson et Grey Advertising, et j'ai trouvé et dressé de nombreux chats ayant servi à faire les publicités sur papier et à la télévision de fabricants d'aliments pour animaux de compagnie comme Kal Kan, Purina, Iams et Friskies.

L'une de mes publicités préférées était celle des aliments semi-humides pour chats Tender Vittles. Dans cette publicité, une personne descend l'allée d'un supermarché avec son chat. Lorsqu'ils arrivent devant l'étalage de Tender Vittles, le chat allonge une patte pour choisir un paquet d'aliments. Comment ai-je réussi à lui faire allonger la patte de cette façon ? Eh bien, je savais que les chats ont toujours envie de grimper. J'ai donc demandé au comédien qui jouait le propriétaire du chat de lui tenir les pattes en le promenant et de libérer une patte en arrivant devant l'étalage. Le chat a naturellement étiré sa patte libre pour monter sur la tablette, et on aurait dit qu'il choisissait le produit.

En faisant ces publicités, j'ai appris beaucoup de choses sur la façon de motiver les chats à faire ce qu'on veut qu'ils fassent. C'est au cours de cette période que j'ai formulé l'une de mes « maximes » préférées : Pour amener un *chien* à faire ce qu'on veut, on lui donne un *ordre* ; à un *chat*, il faut faire une *suggestion.* J'ai aussi découvert que la patience, la persévérance et les encouragements sont aussi efficaces avec les chats qu'avec les chiens. Enfin, dans le cadre de mon travail avec les chats, j'ai constaté que l'attention et l'affection étaient aussi très importantes.

J'ai fourni tous les modèles pour divers pastiches de magazines populaires comme *Dogue*, *Catmopolitan* et *Vanity Fur*, qui mettaient en vedette des chats et des chiens. Avant de travailler pour *Catmopolitan*, j'avais donné une conférence sur la façon de faire une star de son chat à Madison Square Garden, dans le cadre de la foire internationale de chats de la Cat Fanciers' Association (association des amis des chats). C'est à cette occasion que j'ai recruté des figurants félins pour la première fois.

Je rédige actuellement des articles sur le comportement des chats pour des magazines comme *Cat Watch*, la revue publiée par la faculté de médecine vétérinaire de l'université Cornell, ainsi que pour des revues spécialisées, comme *Pet Age* et bien d'autres. Je travaille aussi en collaboration avec des promoteurs immobiliers qui doivent aider leurs clients à préparer leur chien à une entrevue devant le conseil d'administration des condominiums. (Dans de nombreux immeubles de luxe, les propriétaires potentiels doivent passer une entrevue devant le conseil d'administration avant de pouvoir acheter un condo. Si un propriétaire potentiel a un chien, celui-ci aussi doit être interviewé. On n'exige pas encore d'entrevue pour les chats, mais cela pourrait changer dans l'avenir. Faire certifier que votre chat est un bon citoyen félin pourrait être un pas dans la bonne direction.) Pour obtenir de plus amples renseignements sur mon travail, visitez le site www.pawsacrossamerica.com.

En collaboration avec la Cat Fanciers' Association (CFA), le plus grand registre de chats au monde, j'ai mis au point un test de bon citoyen félin (pour en savoir davantage, veuillez vous reporter à l'Appendice). C'est le pendant pour les chats de mon test de bon citoyen canin, que j'ai contribué à élaborer pour l'American Kennel Club (AKC). Maintenant, n'importe quel chat, chat de race ou chat de gouttière, peut obtenir un certificat de bon citoyen félin. Ce certificat indique qu'il peut agir comme zoothérapeute, qu'il aime voyager et séjourner à la campagne ou à l'hôtel et qu'il sait apprécier toutes sortes d'activités qui étaient autrefois l'apanage des chiens. Votre bon citoyen félin pourrait même devenir une vedette ! Mon but est de mettre les chats à l'avant-plan, là où ils auraient toujours dû se trouver.

Qu'est-ce que j'espère accomplir en écrivant un ouvrage sur les chats ? Je veux aider les propriétaires de chats à apprendre à mieux communiquer avec leurs animaux de compagnie et à comprendre leur langage corporel, de même que les sens et les instincts fondamentaux des chats, afin qu'ils puissent mieux les intégrer dans leur famille. J'aimerais apprendre aux propriétaires de chats une toute nouvelle façon de voir les chats et leurs comportements (en expliquant pourquoi ils font ce qu'ils font). J'aimerais les aider à dresser leurs animaux d'une manière détendue et agréable.

Selon une vieille légende indienne, « il y a dans les yeux de l'animal silencieux une sagesse que seul le véritable sage peut comprendre ». J'espère qu'en apprenant le langage des chats vous commencerez à comprendre la sagesse de votre chat.

Bienvenue au pays du langage des chats !

Chapitre premier

Découvrir le langage des chats

Lorsque votre chat entre dans une pièce, vous regarde droit dans les yeux et miaule bruyamment, savez-vous ce qu'il veut vous dire ? A-t-il faim ou sa litière a-t-elle besoin d'être changée ? S'il se réveille brusquement d'une sieste et pousse un miaulement déchirant, que se passe-t-il ? Peut-être a-t-il une boule de poils dans la gorge ou peut-être encore a-t-il aperçu un chat étranger à la fenêtre ?

Que veut-il dire quand il ouvre grand la gueule et laisse échapper un miaulement étouffé tout en vous regardant droit dans les yeux avant de se mettre à ronronner bruyamment ? Avez-vous deviné qu'il vous disait qu'il vous aime ? Quand il appuie la tête contre votre bras pour se frotter ou qu'il enroule sa queue autour de vos mollets, savez-vous qu'il vous indique avec ses glandes odoriférantes que vous lui appartenez ? Savez-vous qu'il demande à être caressé lorsqu'il vous tire la main avec la patte, griffes rentrées ? Si vous savez interpréter ces gestes et ces sons, vous comprenez déjà le langage des chats. Si ce n'est pas le cas, je vous aiderai à comprendre ce langage, et vous pourrez développer une merveilleuse relation d'affection avec votre félin.

Loin d'être les bêtes paresseuses et indifférentes dépeintes par la rumeur populaire, les chats domestiques sont au contraire des animaux affectueux qui sont sensibles aux désirs et au mode de vie de leur propriétaire. Ils sont extrêmement intuitifs et savent décrypter les humeurs et les comportements humains. Cependant, contrairement aux chiens, les chats sont naturellement solitaires (dans la nature, le lion est l'exception). Les chats ne considèrent pas leur maître comme un *leader,* mais comme un compagnon affectueux qui leur fournit le gîte, le couvert, des conditions de vie confortables et de l'affection. Ils sont disposés à se conformer aux exigences de leur maître uniquement parce qu'ils veulent continuer à jouir de ces bienfaits, et non parce qu'ils sont de nature soumise.

C'est là une différence fondamentale entre les chiens et les chats. Un chien répond aux ordres de son maître parce qu'il le considère comme le chef. Un chat ne répond pas à des ordres, car il ne les comprend pas. Il faut donc lui montrer de manière plus subtile ce qu'on attend de lui et ce qu'on ne tolérera pas de sa part. Naturellement, un « non » péremptoire et un jet d'eau froide peuvent être d'une certaine utilité à l'occasion pour dissuader un chat d'avoir un comportement inacceptable, mais nous y reviendrons.

Il est facile de reconnaître les caractéristiques félines de tous les chats, sauvages ou domestiques, grands ou petits. Qu'il s'agisse de la forme de la tête ou des longues moustaches, du port des oreilles et de la queue ou de leur élégance caractéristique, il est clair que les tigres, les tabby et tous les autres chats appartiennent à la même famille.

La société féline

Comme je l'ai mentionné, dans la nature, la plupart des chats sont des créatures solitaires, peu portées vers leurs congénères. Les mâles et les femelles se rencontrent pour s'accoupler, puis les femelles s'en vont mettre bas et élever seules leurs petits. Aussitôt arrivés à maturité, les jeunes guépards, léopards ou pumas quittent la tanière pour faire leur vie, chasser et trouver leurs propres partenaires.

Les lions constituent l'exception. Ils vivent en groupes mixtes, composés de mâles et de femelles, et les jeunes restent habituellement dans leur troupe à l'âge adulte, mis à part les jeunes mâles qui, pour la plupart, partent à la recherche de leurs propres femelles et forment leur propre groupe. Il arrive que des frères voyagent ensemble et deviennent conjointement les chefs d'un groupe de femelles.

Les chats et les humains

Les chats vivent avec l'homme depuis plusieurs milliers d'années. Il existe des documents égyptiens, datant de 2 000 ans avant Jésus-

Christ, dans lesquels on évoque la coexistence des hommes et des chats. Outre le fait que les Égyptiens gardaient des chats comme animaux de compagnie, ils les adoraient pour plusieurs raisons, dont leur beauté et leur grâce, bien sûr, mais aussi leur utilité dans la lutte contre les rongeurs et les serpents. Les Égyptiens admiraient particulièrement la vision nocturne des chats et leurs pupilles changeantes selon l'intensité de la lumière (nous reviendrons sur ce sujet au chapitre 2).

Il existe toutes sortes de sculptures, notamment des bronzes, de chats égyptiens. Les chats des familles de l'aristocratie étaient momifiés avant d'avoir droit à des funérailles grandioses et d'être enterrés dans des tombes très élaborées. De l'autre côté de la planète, on vénérait aussi les chats. En effet, dans la mythologie norvégienne, Freya, la déesse de l'amour, voyage dans un chariot tiré par deux chats. On dit aussi que les Vikings prenaient des chats à bord de leurs bateaux pour protéger leurs provisions des rongeurs.

Les scientifiques croient maintenant que les petits félins sauvages d'Afrique sont les ancêtres des chats domestiques actuels, même s'il est possible que les chats sauvages européens et nord-américains aient pu apporter une contribution génétique. Comme les chats se reproduisent facilement entre eux, il est très difficile de déterminer l'ascendance exacte des chats domestiques d'aujourd'hui. Ce n'est que depuis une centaine d'années que les chats sont croisés dans le but d'obtenir des couleurs et des formes particulières (quelques centaines d'années dans le cas des chiens).

Dès que les humains ont abandonné leur vie nomade pour s'adonner à la culture et adopter un mode de vie sédentaire, les chats ont fait partie de presque toutes les familles. Les voyageurs de commerce apportaient des chats jusque dans les régions les plus éloignées du globe. Bien qu'ils ne soient ni gardiens, ni bergers, ni chasseurs aux côtés des humains, les chats rendent un service important et même essentiel : ils assurent le contrôle de la vermine.

Très tôt, ils ont protégé les récoltes de grains ; dans les villages et les villes, ils empêchaient aussi les rongeurs de s'attaquer aux boutiques et aux maisons. Au XVIIIe siècle, la peste, transmise par les rats, a fait d'énormes ravages en Europe, et les chats sont devenus de précieux collaborateurs dans la chasse à ces rongeurs indésirables.

Leur nature douce et affectueuse, leur apparence agréable et leur agilité ont bientôt fait des chats les animaux les plus prisés de la maisonnée. Comme les chiens, les chats ont commencé à être aimés ; si leur rôle contre les rongeurs leur conférait une certaine importance, c'est leur compagnie agréable qui leur a permis de gagner le cœur du plus grand nombre.

Les chats possèdent de nombreuses qualités qui plaisent aux humains. Ils sont décoratifs et scrupuleusement propres, se lavant au complet au moins une fois par jour. Ils sont calmes, soignés et font rarement leurs besoins au mauvais endroit dans la maison. Comme ils ne sont pas grégaires, ils n'ont pas besoin d'être constamment rassurés et souffrent rarement d'angoisse de séparation, contrairement aux chiens qu'on laisse seuls (bien qu'il y ait certaines exceptions dont je parlerai au chapitre 9). En résumé, ce sont des animaux de compagnie parfaits pour les gens qui travaillent, les gens qui habitent un appartement, les célibataires et les familles avec des enfants.

Sept comportements instinctifs des chats

Il y a sept comportements instinctifs communs à tous les membres de la famille des chats. Saisir ces comportements vous conduira à mieux comprendre votre animal.

L'instinct de fuite

Les chats possèdent une vision périphérique très développée et un odorat très aiguisé. Si une personne inconnue, ou dont l'odeur lui est inconnue, s'approche de lui, un chat prendra instinctivement la fuite. Son ouïe est aussi extrêmement fine, si bien qu'un bruit inconnu ou inaccoutumé éveillera immédiatement son instinct de fuite (le prochain chapitre traitera plus en détail des sens du chat). Comme il peut sauter étonnamment haut, sa fuite le conduit souvent en hauteur. Les chats peuvent aussi comprimer leur corps, ce qui leur permet de s'introduire dans de très petits réduits.

Il arrive parfois qu'un chat mis en fuite se retrouve dans un espace très exigu. Le meilleur conseil qu'on puisse donner à un propriétaire de chat dont l'animal s'est introduit dans une crevasse ou un petit trou est de le laisser tranquille. Il réussira probablement à en sortir une fois calmé. Le comportement de fuite est souvent utile aux chats, comme lorsqu'ils rencontrent une meute de chiens errants.

L'instinct de poursuite

Les chats sont des chasseurs nés. Leurs sens aiguisés les poussent à pourchasser tout petit animal rapide qui croise leur chemin. Les oiseaux, les lézards, les insectes, les souris et les rats font tous d'excellentes proies. Grâce aux muscles pronateurs de leurs pattes avant, les chats sont très habiles pour saisir une petite proie et « jouer » avec elle, une activité que d'aucuns trouvent dégoûtante. Sachez qu'il s'agit d'un comportement instinctif et non d'un acte de cruauté.

Évidemment, la poursuite et la mise à mort éventuelle des rongeurs sont deux des raisons pour lesquelles les chats ont commencé à vivre auprès des humains. Les propriétaires de chats peuvent transformer ce comportement en un jeu en lançant à leurs chats une petite balle (une balle de ping-pong, par exemple) ou un objet en plume qu'ils pourront « poursuivre » et « rapporter ».

L'instinct de chasse et de traque

Voisin de l'instinct de poursuite, l'instinct de chasse est un instinct profondément ancré chez les félins. Les chats sauvages chassent pour survivre, bien sûr, mais cet instinct persiste dans la nature de nombreux chats domestiques, particulièrement ceux qui vont dehors. Les maîtres sont souvent traumatisés quand leur minet adoré rapporte en « cadeau » une petite proie, un oiseau ou un mulot mort, et attend fièrement une caresse en guise de remerciement. C'est un comportement très difficile à modifier chez un chasseur déterminé auquel on permet de sortir – nous y reviendrons.

L'instinct territorial

Le marquage, utilisé par les félins pour délimiter leur « territoire », est particulièrement prédominant chez les mâles intacts, bien que les mâles castrés et les femelles opérées ou non puissent aussi s'y adonner. La présence de un ou plusieurs chats étrangers suffit à le déclencher, de même qu'un déménagement ou l'arrivée d'un nouveau membre de la famille, humain ou animal. Le marquage consiste à arroser d'urine une surface verticale plutôt que de s'accroupir pour uriner. Uriner dans un endroit interdit, comme dans un lit, est une autre manifestation de l'instinct territorial.

Les chats manifestent aussi leur instinct territorial en faisant leurs griffes ou en grattant des surfaces autres que leur arbre à griffer. Il arrive aussi qu'ils aient un comportement agressif envers un intrus, qu'il s'agisse d'un chat, d'un chien ou d'un être humain.

L'instinct d'agression

L'agression est une forme de défense et de protection contre le danger. Les chats ont rarement un comportement agressif envers les humains. En général, lorsqu'ils sont en présence d'une personne menaçante ou froide à leur égard, ils préfèrent la fuir ou l'éviter. Il peut toutefois leur arriver de devenir agressifs et de griffer ou mordre. Le comportement agressif le plus courant consiste à attaquer une personne qui passe en lui enfonçant les griffes ou les crocs dans la cheville ou le mollet.

La peur (d'un chat étranger à la fenêtre, par exemple) peut pousser le chat à se montrer agressif envers une personne ; c'est ce qu'on appelle l'agression de substitution. Certains chats dominants deviennent agressifs et mordent la personne qui les caresse, même s'ils l'avaient invitée à les caresser. Les chats peuvent aussi se montrer agressifs envers les autres chats et animaux de compagnie de la maison.

L'instinct social

Les chats ne sont pas grégaires avec leurs congénères, mais les chats domestiques sont habituellement sociables, à divers degrés, avec leurs propriétaires humains (peut-être par nécessité ou pour d'autres raisons subtiles) et les autres animaux de la maison.

Les gens qui n'aiment pas les chats diront : « Évidemment, il se frotte contre toi et a un comportement affectueux parce qu'il veut sa pâtée ! » C'est peut-être le cas dans certaines situations, mais comment expliquer qu'un chat repu se couche à côté de vous, insistant pour se faire caresser ? Ou qu'un chat accueille le retour de son maître avec de petits gloussements de plaisir, même s'il a été bien soigné et bien nourri pendant son absence ? Et que dire du chat qui se frotte affectueusement contre « son » chien quand il dort ? Il ne s'attend tout de même pas que le chien lui donne à manger !

Il est évident que les chats n'ont pas *besoin* de la compagnie des humains de la même manière que les chiens. Ils ne manifestent habituellement pas d'angoisse de séparation ni ne se comportent de manière inacceptable lorsqu'on les laisse seuls, même durant de longues heures (bien qu'il y ait toujours des exceptions). Ils semblent contents d'être seuls dans un environnement connu, particulièrement s'il y a un autre animal de compagnie dans la maison et s'ils ont à leur disposition de la nourriture, de l'eau et une litière propre.

Cependant, ils apprécient la compagnie humaine, et certains individus et races, très domestiqués (comme les siamois et autres chats orientaux), *l'exigent*.

L'instinct vocal

Bien que les chats communiquent régulièrement entre eux et avec leurs compagnons humains par le langage corporel, ils se servent aussi de sons pour communiquer. Des sifflements au ronronnement, les vocalisations félines peuvent être subtiles ou insistantes. Les chats orientaux, plus particulièrement les siamois, ont une voix puissante et grave, tandis que ceux d'autres races (particulièrement celles à poil long) ont parfois des voix très faibles, presque inaudibles pour les humains.

Le miaulement d'un chat envers son maître peut vouloir dire toutes sortes de choses, notamment qu'il a faim, qu'il veut sortir, que sa litière est souillée ou qu'il veut lui montrer quelque chose. Le ronronnement est habituellement un signe de contentement ou de plaisir, tandis qu'un sifflement est un avertissement d'arrêter ou de le laisser tranquille.

Les vocalisations des chats entre eux sont le plus souvent stridentes et menaçantes, plus particulièrement à l'endroit des chats inconnus qui pénètrent dans leur territoire.

Un propriétaire attentif apprend en général à distinguer différents sons et tons dans les vocalisations de son chat, ce qui l'amène graduellement à connaître le langage des chats. Je traiterai du langage des chats plus en détail au chapitre 7.

Six facultés et idiosyncrasies félines

Les chats possèdent certaines aptitudes physiques exclusives aux félins.

La première, et peut-être la plus spectaculaire, est la capacité de *tendre le corps* comme un ressort et de sauter très haut à partir d'une position stationnaire. Cette aptitude des chats leur est très utile lorsqu'ils doivent s'enfuir.

Deuxièmement, les chats ont la capacité de *pronation,* c'est-à-dire de tourner leurs pattes avant vers l'intérieur grâce à des muscles spéciaux. Cette faculté leur permet non seulement d'attraper des proies, mais aussi de grimper très rapidement en se servant de leurs pattes de devant pour s'agripper. Elle leur est également utile en cas de fuite précipitée.

De plus, les chats domestiques possèdent une caractéristique qui fait défaut à tous les autres félins, soit la capacité de *rentrer les griffes.* Ils peuvent ainsi marcher sur toutes sortes de surfaces sans s'accrocher et sans user leurs griffes, de sorte que celles-ci poussent et deviennent d'excellentes armes de chasse, de défense et d'escalade.

Les yeux des chats possèdent un nombre beaucoup plus élevé de bâtonnets rétiniens que ceux des autres animaux. C'est ce qui leur confère leur *vision nocturne,* une qualité très utile pour la chasse aux rongeurs et autres petits animaux.

Tous les chats ont aussi un odorat très développé. J'en ai pris conscience lorsque nous avons commencé à prendre des photos pour *Catmopolitan.* Le photographe utilisait un rouleau de papier épais afin de se faire une toile de fond et de recouvrir la surface sur laquelle le chat devait s'asseoir ou se tenir debout. Dès que les photos du premier modèle ont été terminées, j'ai déposé le deuxième chat sur le papier. Il est devenu comme fou, poils dressés et griffes sorties ! Je me suis vite rendu compte qu'il réagissait à l'odeur du chat précédent sur le papier et, depuis, je veille toujours à ce que le papier soit changé pour chaque chat. Cette capacité de percevoir des odeurs imperceptibles pour les humains est un autre outil très utile pour la chasse aux petits animaux. Par ailleurs, les chats refusent d'utiliser une litière souillée ou une litière qui a été utilisée par un autre chat ; nous y reviendrons. L'odorat très développé des chats peut aussi expliquer un comportement capricieux face à la nourriture.

Le *toilettage* est un autre comportement typiquement félin. À l'aide de leur langue particulièrement râpeuse, les chats font leur toilette plusieurs fois par jour, habituellement après un repas ou après une séance de caresses. Chaque chat se nettoie à sa façon en suivant un certain ordre, toujours le même. Il lèche d'abord ses pattes avant dont il se sert ensuite pour se nettoyer la face, les oreilles et le sommet du crâne. Il lèche ensuite toutes les autres parties de son corps dans l'ordre. Si un chat cesse de faire sa toilette, c'est là le signe qu'il ne se sent pas bien. Je vous indiquerai comment faire le toilettage de votre chat au chapitre 6.

Ces facultés et habitudes typiquement félines sont faciles à reconnaître pour un maître attentif et, avec les comportements instinctifs, elles constituent l'essence des chats.

Lorsque j'ai compris les sept comportements instinctifs et les six facultés et idiosyncrasies particulières des chats, je me suis mis à voir d'un autre œil mes propres chats et les chats avec lesquels je travaillais. Je me suis rendu compte que les chats avaient des habitudes complètement différentes de celles des chiens. J'ai compris que je ne pouvais pas forcer un chat à agir d'une certaine manière, mais qu'en me servant de ses instincts naturels je pouvais l'amener à agir comme je le voulais (tout comme je me suis servi de l'instinct de fuite et de chasse du chat « comédien » pour lui faire choisir le produit dans la publicité).

Les chats font leur toilette plusieurs fois par jour.

Avec *Les chats nous parlent,* j'espère pouvoir vous aider à apprendre comment canaliser les instincts de votre chat et comment lui enseigner à vivre de manière sereine et harmonieuse au sein de votre famille.

Chapitre 2

Le langage des chats pour débutants : les sens spéciaux des chats

Les perceptions sensorielles des chats sont particulièrement vives. Elles colorent leur vision du monde qui les entoure et leur interaction avec celui-ci. Grâce à leurs sens, les chats voient, entendent, sentent et ressentent les choses de manière très différente de leur maître, de sorte que leurs réactions à certains stimuli peuvent nous sembler déroutantes.

Par exemple, pourquoi Minet décide-t-il soudainement de refuser les aliments en conserve qu'il mangeait avec appétit la veille ? Vous les avez pourtant conservés au réfrigérateur. Pourquoi refuse-t-il de s'alimenter ? Que veut-il dire quand il enroule sa queue autour de vos jambes quand vous descendez l'escalier ? Quand il vous donne des coups de tête sur le bras pendant que vous remplissez un chèque ? Quand il piétine le clavier de l'ordinateur en réclamant des caresses pendant que vous travaillez ? Pourquoi court-il se cacher quand on sonne à la porte ? Que regarde-t-il à travers une fenêtre masquée d'où il n'y a rien à voir ?

Ces comportements félins donnent parfois aux gens l'impression que les chats ont quelque chose de sinistre. En réalité, ce sont leurs sens beaucoup plus aiguisés que les nôtres qui provoquent ces réactions incompréhensibles à nos yeux tant que nous n'avons pas pris conscience de cette acuité.

Les sens des chats

En plus des facultés et des idiosyncrasies dont il a été question au chapitre précédent, tous les chats possèdent des sens incroyablement aiguisés qui leur permettent de sentir, de voir et d'entendre avec beaucoup plus d'acuité que les humains. Ces sens jouent un rôle clé dans leur comportement et dans leurs interactions avec leur environnement ainsi qu'avec les gens et les animaux faisant partie de cet environnement.

Un odorat très développé

Si les humains avaient un odorat aussi fin que les chats, le monde en serait transformé ! Il y aurait des tas d'endroits, de choses et de gens que nous ne pourrions pas tolérer sans vouloir en changer l'odeur. Dans le cerveau d'un chat, la partie liée à l'odorat, ou olfaction, est en effet beaucoup plus développée que chez les humains.

Les chats possèdent dans le palais un organe appelé cartilage voméro-nasal, ou de Jacobson, qui leur permet de littéralement goûter une odeur en ouvrant légèrement la gueule (cette capacité se compare à celle des dégustateurs de vin qui, à ce qu'on dit, « mâchent » le vin). L'expression faciale qui en résulte ressemble à une grimace et s'appelle le retroussement des babines. Fait intéressant à noter, les chats partagent cette caractéristique avec les serpents, les lézards et d'autres reptiles qui, grâce à elle, peuvent détecter la présence de proies à sang chaud (un observateur verra l'animal sortir sa langue fourchue pour percevoir les odeurs environnantes). Les matous utilisent surtout le retroussement des babines pour détecter l'odeur d'une femelle en chaleur.

L'odorat est d'une grande utilité pour les chats. Il leur permet notamment de déterminer rapidement si un aliment est bon à manger ; un chat peut lever le nez sur de la nourriture qui semble tout à fait correcte à son maître. Ce sens joue un rôle tellement important dans les choix alimentaires des chats qu'un animal souffrant d'allergie nasale chronique ou de congestion des voies respiratoires supérieures peut cesser de s'alimenter. La meilleure chose à faire consiste à lui offrir des aliments dont l'odeur est particulièrement forte, comme du poisson. De plus, des aliments qui sortent directement du réfrigérateur peuvent ne pas plaire aux chats, car le froid en atténue l'odeur. Les chats préfèrent les aliments à la température de la pièce ou tièdes (plus doux pour leur système digestif). Les passer quelques secondes au four à micro-ondes est la meilleure façon de réchauffer des aliments froids. Faites attention de ne pas trop les faire chauffer. Vérifiez avec le doigt avant de les servir à votre animal.

Tous les chats s'adonnent plusieurs fois par jour à des activités de marquage olfactif qui dépendent entièrement de leur odorat. Le marquage le plus évident, et le plus embêtant pour le maître, consiste à arroser une surface d'urine, une façon de délimiter son territoire et d'en signifier la « propriété » aux autres chats. Les mâles intacts peuvent y avoir recours fréquemment, surtout s'il y a une femelle en chaleur dans les environs, mais même les mâles et les femelles opérés urinent pour marquer leur territoire, surtout s'ils se sentent menacés par un chat inconnu ou s'ils arrivent dans une nouvelle maison et veulent en prendre possession.

Les propriétaires de chats connaissent bien les autres formes de marquage, comme se frotter, donner un coup de tête et enrouler la queue. Les chats ont sur diverses parties du corps des glandes qui sécrètent des odeurs imperceptibles pour les humains. Ces glandes sont principalement situées au niveau des joues, des coussinets plantaires et du dessus de la queue. Face à une personne, à un animal ou un objet dont ils veulent prendre possession grâce à leur odeur particulière, les chats sont enclins à leur donner des coups de tête ou à enrouler leur queue autour d'eux. Ce comportement est un signe évident d'affection et ne devrait pas déplaire à un maître qui comprend son chat. Il peut être dangereux que le chat enroule sa queue autour des mollets de son maître quand celui-ci descend un escalier ou se déplace dans la cuisine pour préparer le repas. En pareilles situations, une petite poussée du pied vient habituellement à bout du chat.

Chaque fois qu'un chat fait sa toilette avec sa langue râpeuse, il laisse l'odeur de sa salive sur sa fourrure. C'est la raison pour laquelle un chat se lave toujours après avoir été manipulé ou brossé. Il le fait pour enlever l'odeur humaine qui persiste sur son poil et la remplacer par sa propre odeur. Il arrive aussi qu'un chat lèche son compagnon humain favori pour la même raison : laisser son odeur sur sa « propriété ». On sait maintenant que ce n'est pas le poil de chat ni ses squames (en cas de peau sèche) qui déclenchent la réaction allergique, mais bien sa salive.

Griffer ou gratter est une autre méthode de marquage olfactif. Bien qu'il ait d'autres utilités, le grattage laisse sur l'objet gratté une odeur distinctive provenant des coussinets plantaires. C'est la raison pour laquelle les chats dégriffés continuent à « gratter » les surfaces verticales sur leur territoire. Les autres chats reconnaissent facilement leur odeur. Des arbres à griffer appropriés fournissent aux chats les surfaces dont ils ont besoin pour faire leurs griffes et marquer leur territoire, ce qui évite la destruction du mobilier du salon.

L'odorat d'un chat joue un rôle tellement important dans sa perception du monde et sa façon de s'y comporter que tout propriétaire qui veut comprendre le langage de son animal doit en tenir compte.

Une vision remarquable

Les chats ont une meilleure vision nocturne que les autres mammifères. Cette caractéristique tient en partie au nombre élevé de bâtonnets, par rapport au nombre de cônes, dans leurs yeux.

Les bâtonnets sont de minuscules cellules qui réagissent à de très faibles intensités lumineuses. Les yeux humains ont plus de cônes que de bâtonnets et sont par conséquent incapables de discerner les objets dans la pénombre ou le noir. De plus, la pupille allongée des chats peut se dilater considérablement pour permettre à une plus grande quantité de lumière de pénétrer dans leurs yeux. Lorsque la lumière est vive, les pupilles des chats rétrécissent jusqu'à devenir de minces fentes, ce qui protège leurs yeux. Cette différence physique (entre la pupille ronde des humains et la pupille allongée des chats) est l'une des raisons pour lesquelles les chats ont fasciné les Égyptiens et d'autres peuples, qui les ont déifiés.

Les chats possèdent derrière la rétine une membrane spéciale, appelée tapis choroïdien, qui réfléchit la lumière dans la rétine une fois qu'elle l'a traversée. Cela donne aux chats une deuxième chance de capter une image, ce qui rend leur vision nocturne encore plus perçante. Il arrive qu'on voie une phosphorescence bleutée ou jaune dans les yeux d'un chat qui regarde une lumière vive. C'est la réflexion du tapis choroïdien.

Les chats ont une troisième paupière. Il s'agit d'une membrane située entre la paupière externe et l'œil même, et servant tant à protéger qu'à nettoyer le globe oculaire. Elle est parfois visible devant l'œil des chats, surtout au réveil ou lorsqu'ils ont les yeux irrités.

La vision remarquable des chats colore leur existence tout entière. En outre, comme pour les humains et les autres animaux, les yeux des chats sont les fenêtres de l'âme et des sentiments. Plongez votre regard dans les yeux de votre chat et vous pourrez souvent y « lire » ce qu'il pense et mieux comprendre le langage des chats.

Une ouïe très fine

Les oreilles des chats ont les mêmes parties internes que les oreilles de la plupart des mammifères. Comme leur odorat, leur ouïe est remarquablement fine. À quelques exceptions près (les scottish fold ou les american curl), les oreilles des chats sont assez grandes, droites et pointues. Elles sont conçues pour capter le moindre son. Comme les chats peuvent tourner chaque oreille séparément (si seulement nous pouvions faire de même !), les chats peuvent capter tous les sons autour d'eux. Ils perçoivent les sons aigus avec beaucoup plus d'acuité que les humains ou même les chiens, ce qui les aide à localiser de petites proies qui se déplacent immédiatement sous la surface du sol ou dans un terrier.

L'ouïe des chats les rend particulièrement sensibles aux bruits intenses, soudains et stridents. Ils peuvent réagir à des bruits aussi anodins que le sifflement d'une bouilloire ou la sonnerie d'une sonnette bruyante en prenant la fuite. Pour un chat, ces bruits sont aussi puissants que les hurlements d'un dispositif d'alarme ou de la sirène d'une voiture de police.

La peau et le pelage, le système sensoriel tégumentaire

Chez les chats, la *peau* est très importante. Elle sert de membrane protectrice pour les organes internes et elle contribue à la régulation de la température, car les chats transpirent par les coussinets plantaires. Lorsqu'il fait froid, les vaisseaux sanguins de la peau se contractent pour retenir la chaleur corporelle. Lorsqu'il fait chaud, ils se dilatent pour aider à rafraîchir le corps.

Les *poils* ou la fourrure d'un chat forment une barrière physique entre l'environnement extérieur et la peau. Les chats à poil long possèdent un gène qui stimule la croissance capillaire.

Il existe trois sortes de poils de chat : les poils de bourre, très fins, les poils de garde et les vibrisses rigides. Les poils de bourre forment une couche douce. Les poils de garde, longs et raides, constituent la couche extérieure de la robe. Les vibrisses rigides sont les moustaches, les sourcils et les poils durs de la région des sinus (situés à l'intérieur des pattes avant des chats). Ces poils agissent comme un radar et aident les chats à évaluer les caractéristiques spatiales de leur environnement et à sentir les courants d'air. On dit souvent qu'un chat n'essaie jamais d'entrer dans un endroit trop exigu pour lui ; avec ses moustaches et vibrisses, il mesure chaque ouverture pour s'assurer qu'il ne restera pas coincé. Les vibrisses jouent aussi un rôle important dans le langage des chats. Leur position indique s'il est détendu, en colère ou anxieux.

Lorsqu'un chat a peur ou qu'il est en colère, ses poils se dressent sur tout son corps (le chat de l'Halloween). Cette réaction appelée *horripilation* est due à de tout petits muscles se trouvant sous les poils. Les chats glabres ou presque glabres (rex, spinx, etc.) qui n'ont pas de poils de garde sont très rares.

Tous les chats muent toute l'année, et les chats stressés muent toujours beaucoup. Le brossage régulier aide à prévenir les boules de poils que les chats avalent lorsqu'ils font leur toilette. Si l'on omet de brosser un chat à poils longs, ses poils se feutrent et forment des trichomes.

Les *pattes* et les *griffes* font aussi partie du système sensoriel tégumentaire. La plupart des chats ont cinq doigts aux pattes avant et quatre aux pattes arrière. Certains chats ont un doigt supplémentaire aux pattes avant. Cette caractéristique héréditaire s'appelle la polydactylie et n'est d'aucune conséquence pour le chat (on pense que ce trait a été introduit à Boston par un chat échappé d'un navire anglais). Les coussinets plantaires sont épais et râpeux et portent des glandes sudoripares et odoriférantes entre les doigts. Ces glandes odoriférantes jouent un grand rôle dans le comportement de grattage.

Des tendons et ligaments spéciaux permettent aux chats d'allonger et de rétracter leurs griffes. Celles-ci ont plusieurs fonctions : les chats les utilisent pour se défendre, pour grimper, pour attraper des proies ainsi que pour creuser et enterrer leurs déjections. Les griffes ont une croissance rapide et doivent être coupées au besoin pour empêcher qu'elles n'accrochent. Un propriétaire peut faire sortir les griffes de son chat pour les couper en appuyant délicatement sur les coussinets plantaires.

Les chats, tant mâles que femelles, ont des *glandes anales* de chaque côté du rectum. Contrairement à celles des chiens, les glandes anales des chats leur causent rarement des problèmes, car elles se vident à chaque défécation. Un maître remarquera parfois sur le bord du bac de litière des pertes légères qui s'essuient facilement avec un mouchoir en papier mouillé.

Existe-t-il des différences physiques entre les races ?

Tous les chats domestiques ont une physiologie et des sens communs. Les différences de taille, de pelage et de longueur de queue, ou même les mutations comme celles à l'origine des chats sans queue (manx) ou aux oreilles repliées (scottish fold et american curl), ne changent pas les sensibilités fondamentales des chats domestiques.

Chapitre 3

Trouver le chat qui vous convient vraiment

Il y a des chats de toutes couleurs, de toutes tailles et de tous poils, mais tous ont la même conformation corporelle. De l'énorme chat de gouttière tigré de 9 kg au minuscule rex de 3,6 kg, presque glabre, tous les chats ont essentiellement la même anatomie. Il peut exister des différences mineures dans la forme de la tête et de la face. Certains chats ont une face allongée et étroite, comme les siamois ou les abyssins, avec des oreilles pointues et des yeux en amande, un corps mince, des pattes longues, et une queue longue et effilée. D'autres sont brachycéphales, avec une face aplatie et joufflue, comme les persans, des oreilles écartées et arrondies, des yeux ronds et légèrement protubérants, des pattes courtes, et une queue plus forte.

Les chats de races obtenues par mutation et dont la forme de la tête ou le type corporel s'écartent de la norme sont : les manx, sans queue ou presque ; les scottish fold aux oreilles repliées en casquette ; les american curl, aux oreilles recourbées vers l'arrière ; et ceux appartenant à une nouvelle race, les munchkin, aux pattes très courtes. La plupart des associations d'éleveurs ne reconnaissent pas cette nouvelle race.

Je vous indiquerai au chapitre 4 comment choisir le chat de compagnie idéal pour votre foyer, mais voici un bref résumé de certains types de chats. Il y a trop de races de chats pour les traiter toutes dans ces pages (35 races contrôlées, reconnues et inscrites auprès de la Cat Fanciers' Association, commanditaire de la plus grande exposition de chats de l'hémisphère occidental, et 32 races contrôlées et reconnues par la Cat Fanciers' Federation, une organisation de l'Est et du Midwest américains fondée en 1919). À quelques exceptions près, je me limiterai donc aux races les plus populaires selon les registres des races de la CFA. Les dix races contrôlées reconnues comme les plus populaires sont, dans l'ordre décroissant : les persans, les maine coon, les siamois, les exotiques (essentiellement des chats persans à poils courts), les abyssins, les orientaux, les birmans, les scottish fold, les chats américains à poils courts et les burmese.

Les chats issus d'accouplements au hasard (races mélangées)

Avant d'aborder les races de chats, permettez-moi quelques mots au sujet des chats de races mélangées (ou nés d'accouplements au hasard). On les appelle aussi chats de gouttière ou chats domestiques. Il existe des chats de gouttière de toutes les couleurs et de toutes les tailles. Ils sont le résultat d'une reproduction non sélective ou au hasard (par exemple lorsqu'une femelle en chaleur se fait attraper par un matou intact). Un grand nombre d'entre eux ont un ou deux ancêtres de race : des yeux bleus témoignent d'une ascendance siamoise et un poil particulièrement long laisse soupçonner un parent ou un grand-parent persan ou himalayen. Les chatons d'une même portée sont souvent très peu ressemblants ; ils sont issus de ce qu'on appelle la superfécondation, phénomène relativement courant qui survient quand plusieurs matous s'accouplent avec la même femelle et fertilisent ses ovules sur une période de 24 heures.

Des marques grises ou orangées dans un motif marbré ou tabby ; une robe écaille de tortue (habituellement blanc, noir et orangé ou brun) ; une robe de couleur unie, blanche, grise ou noire ; ou une combinaison de ces couleurs sont les motifs les plus courants parmi les chats domestiques.

Les chats nés d'accouplements au hasard sont sans conteste les plus nombreux et les plus populaires de tous les animaux de compagnie dans le monde entier. Ils sont habituellement robustes et placides, et on en trouve en tout temps dans les refuges et les fourrières. Au printemps (la saison où naissent la plupart des chatons), on peut en voir un grand nombre « cherchant une famille aimante » et présentés dans des paniers et des boîtes en carton aux foires organisées par les écoles ou les paroisses.

Les chats de races contrôlées

Les chats de races contrôlées ont été sélectionnés pour perpétuer ou améliorer certaines caractéristiques, tant sur le plan physique que sur celui du tempérament. Comme les chats ne sont pas sélectionnés depuis aussi longtemps que les chiens, ils ne souffrent pas des maladies et affections génétiques qui affligent de nombreuses races de chiens. Les races issues de mutations, comme les scottish fold et les american curl aux oreilles repliées ; les manx, sans queue ou presque ; les chats extrêmement brachycéphales (persans et himalayens) et une nouvelle race aux pattes très courtes, les munchkin, font exception à la règle. Je vais maintenant vous présenter certains des chats de races contrôlées les plus populaires.

Les chats à poil court

Les abyssins

Les abyssins se sont classés au troisième, quatrième ou cinquième rang des chats les plus populaires au cours des 20 dernières années. Bien qu'ils aient été produits en Angleterre et forment une race reconnue depuis la fin du XIXe siècle, les abyssins ressemblent davantage aux chats sacrés d'Égypte que toute autre race de chats. Entièrement tiquetée (chaque poil contient de une à trois bandes de couleur contrastante) et sans marques, leur robe est unique. Si on ajoute à cela leur corps élancé, leurs longues oreilles avec des touffes de poils, leur longue queue effilée, leur face pointue, leurs yeux en amande et leur couleur rousse, les abyssins sont des chats faciles à reconnaître.

Tête typique d'un chat à poil court.

Ils sont en général très intelligents, actifs, bavards, exigeants et très sociables avec les gens. Un abyssin est une présence qu'on ne peut ignorer dans une maison !

Les american curl (à poil long ou court)

L'american curl est le résultat de la découverte en Californie, en 1981, d'un chat de gouttière aux oreilles recourbées vers l'arrière. Cette caractéristique découlait d'une mutation génétique naturelle. L'american curl a été présenté à l'exposition Cat Fancy en 1983, et la CFA a accepté d'inscrire la race en 1986. Que le poil soit court ou long, les couleurs et motifs sont extrêmement variés. À la naissance, les chatons ont des oreilles droites qui se plient et se déplient, jusqu'à l'âge de quatre mois, après quoi elles restent pliées. Environ 50 % des chatons de chaque portée ont des oreilles droites (american curl aux oreilles droites), mais ils font d'excellents animaux de compagnie et peuvent être utilisés pour la reproduction.

L'american curl est un animal de compagnie actif, curieux et affectueux.

Les chats à poil court américains et européens

Les chats américains à poil court occupent le neuvième rang au chapitre de la popularité, et on les classe souvent avec leurs cousins européens dans un groupe appelé « chats domestiques à poil court ». En 1966, le chat domestique à poil court (aujourd'hui connu sous le nom de chat domestique américain) était l'une des cinq races de chats reconnues par la CFA.

Ces chats robustes ont un corps trapu aux pattes courtes, de grands yeux arrondis et des oreilles écartées et légèrement arrondies. Toutes les couleurs et combinaisons de couleurs sont possibles. On pense qu'ils sont arrivés sur le continent américain avec les premiers colons ; il existe des documents relatant l'arrivée de chats à poil court sur le *Mayflower.* Utilisés pour protéger les provisions contre les rats et les humains contre les maladies transmises par les rats, les chats sont rapidement devenus de bien-aimés compagnons. Au début du XXe siècle, cependant, le croisement des chats américains à poil court avec des chats à poil long et des siamois a dilué leurs qualités primitives.

Les chats européens à poil court (british shorthair) ont une tête légèrement brachycéphale et de grosses bajoues. Ils sont originaires de Grande-Bretagne, mais on les élève aux États-Unis depuis de nombreuses années. Sur le continent, ces chats sont dits « européens ».

Les chats à poil court sont robustes et calmes, et ont un mince filet de voix. Ils sont doux, attachés à leur maître et très sociables. Ils tolèrent les enfants, les autres animaux de compagnie et les maisons désordonnées. D'aucuns disent qu'ils se prennent pour des chiens.

Les burmese

Les burmese arrivent depuis six ans au 10e rang parmi les races de chats les plus populaires. On pense que ce sont des hybrides produits au début des années 30, obtenus en croisant un chat de Birmanie avec un siamois. La CFA a reconnu la race en 1936. Ce sont des chats à la robe unie de quatre couleurs reconnues : sable, champagne, bleu (gris) et platine. Les burmese ont de grands yeux ronds et un corps trapu, musclé et étonnamment lourd.

Extrêmement affectueux et sociables, les burmese apprécient beaucoup la compagnie des humains. Ils sont très loquaces, mais ils ont une voix plus douce et moins stridente que les siamois.

Les exotiques (à poil court et à poil long)

Classés au quatrième ou cinquième rang des races populaires depuis 10 ans, les exotiques sont le « secret le mieux gardé de la Cat Fancy ». Issus d'un croisement entre un persan et un shorthair américain ou un burmese, ils ont une face brachycéphale, de petites oreilles arrondies, et un corps trapu et robuste. Au lieu d'une longue robe qui exige beaucoup d'entretien, les exotiques ont une robe courte et dense qui ne se feutre pas et ne requiert pas un brossage quotidien.

Les exotiques sont calmes et doux. Ils sont affectueux et aiment la compagnie, mais ne demandent pas autant d'attention que les abyssins, les orientaux ou les siamois. En général, les mâles exotiques sont plus affectueux que les femelles. La texture et la longueur de la robe des exotiques à poil long sont semblables à celles des persans, et ces chats peuvent avoir les couleurs des persans et des himalayens.

Les manx

Les manx ressemblent aux chats domestiques à poil court, mais ils se caractérisent par l'absence de queue ou son remplacement par une petite bosse (*rumpy riser*) ou une queue très courte (*stumpy*). Ils peuvent néanmoins avoir une longue queue. Ils ont une démarche qui rappelle celle du lapin en raison de la longueur de leurs pattes arrière. Les manx viennent de l'île de Man, dans la mer d'Irlande ; on en trouve maintenant en Grande-Bretagne, en Europe et en Amérique.

Robustes, les manx peuvent avoir le poil long ou court dans toute une variété de couleurs et de combinaisons (les manx à poil long étaient autrefois appelés cymric). Les manx sont communicatifs et enjoués, ils ont beaucoup d'énergie et réagissent de manière attachante à l'affection de leur maître. Ils peuvent sauter très haut grâce à leurs longues pattes arrière. Un grand nombre de manx agissent comme des chiens, rapportant et enterrant des objets. Seule ombre au tableau, les manx souffrent parfois de spina-bifida.

Les orientaux (à poil court ou long)

Les orientaux arrivent au sixième rang du classement de la CFA depuis quatre ans. La CFA a accepté la race en compétition en 1977. À leur robe correspondent plus de trois cents couleurs et motifs ! Leur longue tête effilée et leurs grandes oreilles pointues, leurs yeux en amande, leur corps svelte et leur longue queue confèrent aux orientaux une grande élégance qui rappelle les siamois. Les orientaux à poil court sont considérés comme des siamois de couleur unie.

Très sociables, curieux et intelligents, les orientaux sont des compagnons de tous les instants, toujours prêts à « aider » dans la maison. Ils ont besoin d'attention et la réclament à grand renfort de miaulements. Un oriental deviendra très déprimé si on l'ignore ou si on lui interdit de participer aux activités de la maison.

Les rex (de Cornouailles et du Devon)

Bien qu'ils ne figurent pas parmi les dix races les plus populaires de la CFA, les deux types de rex sont intéressants et très aimés. Les deux races ont une robe très courte et ondulée qui ressemble au toucher à du suède ou du velours coupé. Ils muent très peu en raison d'une mutation génétique. Le rex du Devon a de grandes oreilles attachées bas, rappelant des oreilles de chauve-souris, encadrant un faciès d'elfe au nez retroussé et aux grands yeux brillants. Le rex de Cornouailles aussi a de grandes oreilles, mais elles sont attachées au sommet d'une petite tête pointue aux pommettes hautes et au long museau.

Ils sont tous deux affectueux et actifs, et ils demandent beaucoup d'attention.

Les bleus de Russie

Les bleus de Russie, ou bleus russes, se distinguent par leur épaisse robe bleue dont chaque poil présente une pointe grise. On les reconnaît à leur face en biseau et à leurs grands yeux verts brillants, ainsi qu'à leur robe caractéristique.

Ce sont des chats doux, calmes et peu exigeants qui s'entendent bien avec tous les membres de la famille. Attachés à leurs maîtres, les bleus de Russie peuvent être à la fois timides et enjoués.

Les scottish fold (fold à poil long)

Le scottish fold, originaire d'Écosse, a fait son apparition en 1961 lorsqu'un berger appelé William Ross a trouvé un chaton aux oreilles repliées qu'il a utilisé pour faire des croisements. Classés au septième ou huitième rang des races populaires au cours des dernières années, les scottish fold ont une forme, des caractéristiques faciales et une robe fournie semblables à celles des chats américains ou européens à poil court ; leur robe a la même densité et les mêmes couleurs. Leurs oreilles sont carrément pliées, c'est-à-dire recourbées vers l'avant à un angle aigu, à la suite d'une mutation spontanée. Cette caractéristique peut causer des problèmes aux oreilles, ce qui a empêché la reconnaissance de la race en Grande-Bretagne. Les scottish fold sont reconnus par la CFA et la CFF américaines, de même que dans certains pays européens.

Leur personnalité ressemble à celle des chats à poil court américains ou européens. Les scottish fold ont une bonne nature ; ils sont doux, souples, enjoués, calmes, patients et sociables.

Les siamois

Très populaires parmi les chats à poil court (troisièmes après les persans à poil long et les maine coon), les chats siamois, comme les abyssins, sont sociables, loquaces, exigeants et, pour la plupart, affectueux. Leur robe peut être de couleur dominante brun phoque (corps brun pâle et marques brun très foncé), bleue (corps blanc bleuté et marques bleu acier), chocolat (corps brun pâle et marques lait au chocolat) ou lilas (corps blanc et marques gris rosé).

Leurs grands yeux bleus brillants, leur tête triangulaire allongée en forme de biseau et leurs marques distinctives en font des animaux très esthétiques et immédiatement identifiables. Leur sveltesse, leur corps musclé et de taille moyenne, leurs longues pattes, leur queue droite et effilée, et leurs très grandes oreilles caractérisent les siamois.

Comme le disent un grand nombre de maîtres de siamois : « Vous ne possédez pas un siamois, c'est lui qui vous possède ! » Les siamois d'exposition ont parfois des défauts, notamment un strabisme, une déformation de la queue et des pattes blanches ou partiellement blanches, mais ces « défauts » ne modifient en rien les qualités des siamois comme animaux de compagnie.

Les chats à poil long

En plus des variétés à poil long de certaines races à poil court, il existe des races pures à poil toujours long. Voici la description des plus populaires.

Les birmans

Les chats birmans ont probablement vu le jour en Birmanie où ils étaient sacrés. L'histoire récente de la race est plutôt nébuleuse. Les birmans ont frôlé l'extinction en France pendant la Seconde Guerre mondiale, mais les énormes efforts entrepris pour les sauver ont finalement été couronnés de succès. La race a été reconnue par la CFA en 1967 et figure parmi les dix races les plus populaires de cette organisation depuis 10 ans.

Les birmans sont de gros chats massifs à la robe longue et dense qui ne se feutre pas ; ils ont la queue très poilue et des « mitaines » blanches. Leur robe est de couleur pâle avec des marques plus foncées semblables à celles des siamois et des persans. Leurs yeux bleus arrondis et leur profil romain en font des chats très élégants.

De nature douce et calme, les birmans ont une personnalité enjouée et active qui fait d'eux de merveilleux compagnons.

Les himalayens (voir Les persans)

Les maine coon

Les maine coon arrivent au deuxième rang parmi les dix races les plus populaires de la CFA depuis sept ans. Originaires de Nouvelle-Angleterre, les maine coon sont des chats puissants et élégants, au poil long et broussailleux. Ils portent généralement à la verticale leur longue queue se terminant en plumet.

Affectueux, fidèles et intelligents, les maine coon sont des compagnons agréables, respectueux et peu exigeants. D'un caractère égal et doux avec les enfants et les autres animaux de compagnie, les maine coon émettent de petits cris lorsqu'ils veulent attirer l'attention de leur entourage.

Les chats des bois de Norvège

Les norvégiens ne figurent pas parmi les dix races les plus populaires de la CFA, mais ils sont élégants et assez aimés. Relativement nouveaux aux États-Unis, ils accompagnaient probablement les Vikings, protégeant leurs victuailles des rongeurs. La race a été reconnue par la CFA en 1993.

Leur robe douce et soyeuse peut être de couleur unie ou de différentes couleurs. En hiver, leur fourrure dense et duveteuse forme une impressionnante collerette autour de leur cou. Pendant l'été, les norvégiens perdent leur bourre et paraissent beaucoup moins volumineux. Leurs oreilles et leur queue demeurent extrêmement poilues en toute saison. Malgré la densité de leur robe d'hiver, les norvégiens ne requièrent pas beaucoup de brossage, sauf pendant la mue.

Ce sont des chats affectueux, calmes, doux et très sociables.

Les persans

Probablement les chats à poil long les mieux connus, les persans se trouvent depuis 20 ans au premier rang du classement établi par la CFA quant à la popularité. Ils ont une tête large, un faciès brachycéphale (renfoncé), de petites oreilles écartées et de grands yeux arrondis qui leur donnent leur air « mignon ». Leur longue robe requiert un brossage quotidien pour prévenir le feutrage et garder une belle apparence. Toutes les couleurs et combinaisons se rencontrent. Les persans pékinois roux ont des caractéristiques faciales plus prononcées que les autres persans et peuvent avoir un pelage uni ou marbré.

Un faciès brachycéphale.

Affectueux, doux et réceptifs, les persans sont des animaux de compagnie très agréables.

La CFA ne reconnaît pas les himalayens comme une race distincte. On les classe plutôt dans une sous-division de la race des persans. Les himalayens sont des hybrides de persans et de siamois. Ce croisement donne un chat à poil long possédant les marques des siamois. De nos jours, on reconnaît aussi les himalayens sans marques, résultant de croisements entre himalayens et persans. Leurs grands yeux arrondis, leur faciès brachycéphale et leur forme sont identiques à ceux des persans.

Les himalayens sont des animaux de compagnie doux, calmes et peu exigeants.

Les ragdoll

Les ragdoll ne font pas partie des dix races de chats les plus populaires de la CFA, mais ce sont des animaux de compagnie intéressants et appréciés. On les a baptisés ragdoll (poupée de chiffon) en raison d'un comportement particulier. En effet, quand on les prend dans les bras, ils relâchent tous leurs muscles et deviennent mous comme une poupée de chiffon. La race a été développée dans les années 60.

Les ragdoll aux marques de siamois sont acceptés dans les compétitions, tout comme les ragdoll à « mitaines » (pattes blanches), les bicolores (pattes, ventre, poitrine et face blancs) et les vans (masque, oreilles et queue de couleur foncée).

Leur longue robe se caractérise par l'absence de sous-poil et ne se feutre pas. Les ragdoll muent peu et ne requièrent pas beaucoup de brossage. Ce sont de gros chats placides, doux et très affectueux. Les ragdoll suivent leur maître dans la maison et se laissent choir à ses pieds. Ce ne sont pas des sauteurs et ils restent habituellement sur le sol. Certains rapportent des objets et répondent quand on les appelle. Les ragdoll sont très doux avec les enfants, qui apprécient qu'ils se laissent transporter.

Les somalis

Les somalis sont des chats de taille moyenne à la robe longue et soyeuse de quatre couleurs reconnues : bleu, sorrel, rouge et fauve. Ils ressemblent beaucoup à des renards avec leurs longues oreilles, leur collier fourni, leur queue poilue et leur masque, qui leur donne une apparence « sauvage ».

Les somalis sont des chats intelligents et actifs, mais calmes et peu exigeants, malgré leur côté extraverti et sociable. Ils ont un mince filet de voix et communiquent avec leur maître en émettant de petits trilles. Ils ont des bouffées d'énergie qui les transforment plusieurs fois par jour en véritables tornades. Ils sautent, chassent une balle ou un jouet et se déplacent de côté. Toujours curieux et habiles, les somalis savent ouvrir les portes, les tiroirs et les robinets.

Les angoras turcs ou vans de Turquie

Les angoras turcs à poil long ont été introduits aux États-Unis dans les années 50. À l'origine, ils étaient tous blancs, mais on en voit; maintenant de toutes les couleurs ; on trouve même les chats turcs du lac de Van (à masque, oreilles et queue foncés).

Ce sont des chats extrêmement actifs et affectueux. Ils adorent jouer et on dit même que certains vans aiment se baigner ! Leur corps élancé et leur robe soyeuse en font de très beaux chats.

Autres races

Il existe de nombreuses autres races contrôlées à poil court et à poil long, mais nous manquons d'espace pour les décrire toutes. Si cela vous intéresse, je vous suggère de vous rendre à une exposition féline pour constater par vous-même l'incroyable variété de races qui existe aujourd'hui. De plus, la CFA a un site Internet (www.cfainc.org) qui présente des photos et des descriptions des races reconnues par l'organisation.

Chapitre 4

Comment choisir un chat de compagnie

Quand on se met à la recherche d'un chaton ou d'un chat de compagnie, il faut d'abord décider si on veut un chat de race ou un chat de gouttière (races mélangées). Quel que soit le type de chaton ou de chat que vous ayez en tête, il y a certaines choses que vous devez savoir. On a souvent répété que tous les chatons sont mignons et attirants, mais si vous voulez un animal aimant et agréable avec lequel vous vivrez heureux pendant de nombreuses années, il est préférable pour vous (et pour le chat) que vous fassiez un choix éclairé.

Socialisation

Pour qu'un chaton ou un chat soit détendu, calme et extraverti dans une maison, il doit avoir appris à faire confiance aux humains et à se sentir à l'aise en leur compagnie. Il doit être socialisé ou adapté, faire confiance aux gens et compter sur eux pour combler ses besoins affectifs et physiques (nourriture, eau, litière propre, endroit chaud où dormir, etc.).

S'il n'a connu depuis sa naissance que des gens doux et soucieux de son bien-être, il sera réceptif aux humains et à l'aise avec eux. Si des enfants, des chats adultes, des chiens ou autres animaux de compagnie inoffensifs ont toujours fait partie de son monde, il se sentira à l'aise avec eux aussi. Pour aider à socialiser un chaton, il est bon que divers membres de la famille, enfants ou adultes doux des deux sexes, le prennent dans leurs bras. Sachez aussi qu'une maman chat bien traitée, bien nourrie, socialisée, calme et en bonne santé a une influence déterminante sur ses chatons.

Il peut être difficile d'évaluer toutes ces influences, selon l'endroit où vous vous procurez votre chat, mais voici quelques trucs pour soumettre tout candidat à un test de tempérament.

Test de tempérament d'un chat ou d'un chaton

Il est probablement plus facile de tester le tempérament d'un jeune chat enjoué que celui d'un chat plus âgé, car ce dernier peut avoir des « habitudes bien ancrées » et snober certaines de vos avances.

La mère et la portée

L'une des meilleures façons d'évaluer le tempérament d'un chaton est de l'observer avec sa mère et ses compagnons de portée, si cela est possible. Lorsque la mère est une chatte calme qui aime les humains, il y a des chances que ses chatons le soient aussi. Avec leurs frères et sœurs, les chatons devraient être actifs, enjoués et alertes (sauf s'ils viennent de boire ou de jouer vigoureusement et sont prêts à faire la sieste). La personnalité des chatons se manifeste à un très jeune âge. Vous en verrez qui sont très actifs et très agressifs, tandis que d'autres sont calmes et timides.

Affection et détente

Un chaton doux, affectueux et détendu ou un chat qui réagit positivement aux caresses et à l'attention sont des compagnons de vie agréables. Un chat « nerveux » qui s'enfuit chaque fois que vous vous approchez de lui ou fait comme si vous n'existiez pas n'est pas un animal de compagnie très satisfaisant et finira sans doute par vous tomber sur les nerfs. Afin de voir si un chaton ou un chat est affectueux ou placide, faites le test suivant :

Prenez le chaton ou le chat dans vos bras et tenez-le sans le serrer (aucun animal n'aime être pris dans un étau), une main sous l'arrière-train et l'autre autour du corps, pour qu'il se sente en sécurité. Parlez-lui doucement en le caressant et approchez votre visage du sien. Un chaton ou un chat affectueux, habitué à être manipulé par les humains, reste détendu ; il peut s'accrocher à vos vêtements, commencer à ronronner et même aller jusqu'à vous toucher le nez avec sa truffe ou se frotter la tête contre vous. Lorsque vous le déposerez par terre, il restera probablement près de vous; il pourrait même se frotter contre vos jambes et agir comme s'il réclamait plus d'affection et d'attention.

Un animal qui n'est pas habitué à être pris ou à qui cela déplaît deviendra probablement tendu; il pourra griffer frénétiquement ou se mettre à miauler à tue-tête, en cherchant clairement à s'échapper. Lorsque vous le déposerez, il se sauvera; il pourrait même se retourner et cracher dans votre direction.

Degré d'activité

Vous voulez sans doute un chaton ou un chat raisonnablement actif, c'est-à-dire ni un hyperactif frénétique ni un paresseux abruti. Apportez une balle de ping-pong, ou tout autre objet léger (une feuille de papier rigide chiffonnée fera l'affaire), et lancez-la sur le sol. Un chaton équilibré se mettra immédiatement à sa poursuite et soulèvera l'objet avec les pattes pour jouer au hockey ou à la boxe pendant quelques instants. Un chat adulte pourra ne pas réagir immédiatement et avoir besoin de plus d'encouragements, ou bien ne montrer aucun signe d'intérêt. À partir d'un certain âge, c'est normal; les chats adultes abandonnent parfois le comportement enfantin du chaton joueur et deviennent trop dignes pour jouer.

Un chaton trop timide aura surtout peur de l'objet qu'on lui lance; il pourra reculer ou s'enfuir. Sachez que ce comportement peut indiquer qu'il aura de la difficulté à s'adapter aux activités normales et aux bruits de la maison, et qu'il risque d'être peu sociable et de passer le plus clair de son temps en sécurité dans une cachette (sous un lit ou derrière les rideaux par exemple).

Un chaton qui devient plus ou moins hystérique et ne cesse de jouer frénétiquement laisse aussi soupçonner des problèmes éventuels. Il pourrait se révéler une présence irritante dans la maison, courir et sauter partout à toute heure du jour et de la nuit, grimper aux rideaux ou sur les étagères, faire tomber des bibelots et réclamer de l'attention à des moments inopportuns.

Si l'un des chatons d'une portée semble beaucoup plus agressif que les autres, évitez de le choisir. Un chat au tempérament trop agressif peut causer des problèmes dans un foyer, surtout si vous avez ou pensez avoir un jour un autre animal, un enfant ou de jeunes visiteurs à la maison.

Les chats nés d'accouplements au hasard ou de races mélangées

Vous pourrez adopter un chat de race mélangée en vous adressant à un propriétaire de chat ou à un refuge, en ouvrant votre porte à un chat en train de miauler sur le seuil de la maison ou en recueillant un chat qui erre dans les rues du quartier (en ce cas, il pourra s'agir soit d'un chat perdu, soit d'un chat féral, c'est-à-dire sauvage). Mais si vous n'avez jamais eu de chat, la différence entre ces endroits peut être d'une importance capitale. Si vous êtes à la recherche d'un chat calme, affectueux et réceptif à l'attention, qui tolère bien les autres animaux, les enfants, les bruits et l'activité de la maison, un chat domestique né d'un accouplement au hasard peut être la solution, pourvu que vous le choisissiez soigneusement. Tout d'abord, vous devez vous assurer que le chaton ou le chat qui vous attire a été socialisé.

Les chatons et les chats de propriétaires privés

On voit couramment des offres de chatons, de chats juvéniles et même de chats adultes sur les tableaux d'affichage des bureaux et des supermarchés, ainsi que dans les marchés aux puces, les journaux locaux, les églises, les écoles et les cliniques vétérinaires. (dans ce dernier cas, vous avez une longueur d'avance puisque vous êtes assuré que le chat est en bonne santé et qu'il a reçu tous les vaccins dont il a besoin avant que vous en fassiez l'acquisition).

Les propriétaires privés peuvent être d'excellents pourvoyeurs de chats de races mélangées, car on peut souvent voir la mère et la portée ensemble. On peut ainsi évaluer le degré de socialisation, le tempérament et ainsi de suite.

Lorsqu'un propriétaire offre un chat juvénile ou adulte en adoption, il faut se demander pour quelles raisons il le fait. Le chat a-t-il un tempérament destructeur ? Agressif ? Déteste-t-il les enfants, les chiens ou les autres chats ? Ou est-ce simplement parce que son maître ou un membre de la famille a développé une allergie ? Ce sont d'importantes questions à poser. Avant de prendre un chat juvénile ou adulte qui a été rejeté par quelqu'un d'autre, essayez de savoir exactement pour quelles raisons cette personne a décidé de s'en défaire. Si vous décidez de l'adopter, proposez de le prendre à l'essai pour une période de quelques semaines, de manière à ne pas avoir à le placer vous-même s'il ne s'adapte pas à son nouveau foyer.

Les refuges

Il y a plusieurs sortes de refuge. La plupart des refuges en milieu urbain ou suburbain sont subventionnés par les autorités locales. À l'origine, les refuges ont été fondés dans le but de contrôler les populations animales férales et non férales, et de protéger les humains des animaux errants qui peuvent devenir agressifs ou être porteurs de maladies (principalement la rage). Aujourd'hui, ces objectifs demeurent les mêmes. Les refuges capturent les chats sauvages, les mouffettes, les chevreuils et les coyotes qui s'aventurent trop près des habitations, ainsi que les chiens et les chats apparemment errants. Certains refuges sont ouverts dans ce seul but et n'acceptent pas les animaux de compagnie dont on veut se défaire. D'autres acceptent les animaux de compagnie, habituellement en échange d'un modeste don.

Ces établissements chargés de contrôler les populations animales ne sont pas conçus pour héberger les animaux dans des conditions confortables, mais comme trop de gens dans notre société du jetable se débarrassent sans remords d'un animal dont ils se sont lassés, ils sont pleins à craquer d'animaux de compagnie « d'occasion » à adopter. Dans la plupart des cas, les refuges gardent les animaux pendant un temps limité, et les chats plus âgés ou « moins adoptables » sont habituellement euthanasiés au bout d'un certain temps. Il arrive parfois qu'un animal de compagnie s'échappe et soit amené à la fourrière. Tout le monde a entendu l'histoire malheureuse d'un maître arrivé à la fourrière trop tard pour sauver son chat – c'est pourquoi il faut munir un chat d'une médaille ou de quelque autre objet d'identification, surtout quand on le laisse sortir.

Les refuges qui ne pratiquent pas l'euthanasie sont populairement appelés « no-kill shelters » en américain. En raison de contraintes d'espace, ils n'acceptent que des animaux jugés rapidement adoptables (les autres étant dirigés ailleurs). Certaines organisations subventionnées ou bénéficiant du travail de nombreux bénévoles sont capables de transformer un animal non adoptable en animal adoptable, avec l'aide de vétérinaires et de thérapeutes du comportement. D'autres refuges entassent les animaux comme des sardines et n'offrent qu'une existence bien misérable à ces animaux (heureusement, ils sont peu nombreux !).

Les meilleurs refuges des deux types font appel à des bénévoles qui, en collaboration avec le personnel, aident à rendre la vie des animaux plus agréable et prodiguent des conseils aux gens qui souhaitent les adopter.

Il existe aussi des refuges privés dirigés par un individu ou un groupe de personnes. Certains refuges à but non lucratif sont réellement voués au bien-être des animaux abandonnés et à la recherche d'un maître pour eux ; d'autres cachent mal leur objectif d'amasser de l'argent en faisant des collectes de fonds en faveur des animaux. Les meilleurs de ces refuges dépendent aussi de bénévoles locaux qui font un excellent travail.

La meilleure façon de juger de la qualité d'un refuge est de parler avec les gens et les bénévoles qui y travaillent. Une brève conversation devrait vous permettre de juger si les administrateurs ont vraiment les intérêts des animaux à cœur et s'ils ont les compétences requises pour vous aider à trouver l'animal de compagnie qui vous convient, ainsi que le désir de vous faciliter la tâche. Les refuges bien tenus prennent habituellement le temps d'enregistrer l'origine des animaux qu'ils hébergent; lorsque cela est possible, ils posent aux propriétaires précédents des questions sur les antécédents médicaux et comportementaux de l'animal de manière à pouvoir en informer les adoptants potentiels. Les refuges pour animaux manquent constamment d'argent. Pourtant, un bon refuge n'a pas besoin d'installations ultramodernes; il suffit qu'il soit propre et que les animaux y soient bien traités.

Des chatons et des chats de tous les âges et de tous les types abondent dans les refuges, particulièrement au printemps, principale saison de reproduction. L'insouciance des propriétaires de femelles non opérées en est l'une des principales causes. Le choix est alors difficile pour un adoptant potentiel, car il est rare qu'une chatte arrive avec toute sa portée. Les refuges diffèrent grandement sur les plans de la qualité des soins, de l'hygiène et du confort matériel. Un grand nombre de maladies félines sont très contagieuses, et le stress comme la surpopulation entraînent parfois des problèmes de santé. Par conséquent, essayez de choisir un refuge qui entretient des liens avec une clinique vétérinaire du voisinage. Certains ont même une entente grâce à laquelle tout nouveau propriétaire pourra faire examiner par un vétérinaire l'animal choisi pour adoption et le faire vacciner ou stériliser à un coût minime.

Le choix peut être douloureux, car il y a tellement de chatons mignons et de chats sympathiques qui attendent un foyer. Tenez-vous-en au test du tempérament, et vous diminuerez le risque de commettre une erreur malheureuse.

Peut-être vous posera-t-on des questions sur votre mode de vie et cherchera-t-on à savoir si vous pouvez fournir à votre animal de compagnie les soins dont il a besoin pour le restant de ses jours.

Voici quelques exemples de questions : Passez-vous souvent la nuit à l'extérieur de chez vous ? Si oui, quelles dispositions comptez-vous prendre quant à votre animal ? Avez-vous l'intention de laisser sortir votre chat ? Si oui, comment surveillerez-vous ses activités et vous assurerez-vous qu'il passe la nuit à l'intérieur ? Avez-vous un vétérinaire attitré ou avez-vous l'intention d'en avoir un pour la visite annuelle et les vaccins ? Avez-vous l'intention de garder cet animal jusqu'à la fin de ses jours ? La plupart des refuges insistent pour que l'animal adopté soit stérilisé ou que son maître s'engage à le faire stériliser au moment opportun, ce qui est indubitablement un pas dans la bonne direction pour éviter une augmentation de la population féline. On pourrait aussi vous demander de signer une entente d'adoption qui définisse vos responsabilités de propriétaire envers le chaton ou le chat. Si cela vous paraît exagéré, à vous qui souhaitez offrir un foyer à un animal abandonné, n'oubliez pas que les gens du refuge veulent simplement s'assurer que leurs pensionnaires vivront heureux et en bonne santé dans leur nouveau foyer, et qu'ils ne seront pas abandonnés encore une fois, pour finalement revenir au refuge traumatisés par une mauvaise expérience.

Les chats égarés et les chats féraux

Permettez-moi avant tout de vous donner le conseil suivant : si vous décidez d'adopter un chat errant, il est *vital* que vous le fassiez examiner immédiatement par un vétérinaire (avant même de le faire entrer chez vous, surtout si vous avez d'autres animaux ou de jeunes enfants). La grande majorité des chats errants ou féraux ont des parasites (puces, otodectes du chat, vers, etc.). À la suite de contacts avec des animaux sauvages ou d'autres chats, certains sont atteints de maladies transmissibles à l'homme, plus particulièrement la rage, une maladie très grave qui peut mettre la vie en danger.

Il y a d'importantes différences entre un chat errant et un chat féral. Un chat *errant* a déjà appartenu à quelqu'un et a été abandonné. On en trouve un grand nombre dans les lieux de villégiature à l'automne. Les gens adoptent un chaton ou un chat pour jouer avec leurs enfants au chalet et, lorsque vient le temps de revenir en ville à l'automne, ils partent en laissant l'animal se débrouiller tout seul. Dans un grand nombre d'endroits, des personnes se donnent pour mission de prendre soin de ces pauvres chats et de leur trouver un foyer, mais ce n'est pas une mince tâche.

La plupart des chats errants sont bien socialisés et font de très bons animaux de compagnie. Ils sont déjà habitués aux activités d'un foyer normal et, avec un peu de chance, leur expérience des humains est positive (jusque-là). Il est relativement facile d'évaluer la personnalité d'un chat errant et de voir s'il est affectueux. Il suffit de passer un peu de temps avec lui. Naturellement, lorsqu'il s'agit d'un chat récemment abandonné et plus habitué à quêter sa nourriture qu'à chasser, il est souvent affamé et se montre très affectueux dans l'espoir d'obtenir à manger. Essayez de le caresser *après* lui avoir donné à manger.

Quand un chat autrefois habitué à être logé confortablement et nourri à sa faim est forcé de se débrouiller pour survivre pendant une longue période, il devient de plus en plus autosuffisant. Son instinct de survie prend le dessus, et il devient assez sournois et méfiant avec les humains qui le chassent lorsqu'il fouille dans les ordures. Bref, il devient *féral*, c'est-à-dire sauvage, non domestiqué.

On peut réapprendre à ces chats à se comporter comme des animaux de compagnie à la condition qu'ils n'aient pas été abandonnés depuis trop longtemps et que leur expérience des humains soit positive. En le persuadant doucement de prendre de la nourriture et de l'eau, on peut apprendre à un chat féral à faire de nouveau confiance aux humains et à accepter de vivre dans une maison. Il faut parfois beaucoup de temps et d'efforts avant de gagner la confiance d'un tel animal. Peut-être aura-t-il de la difficulté à renoncer à ses comportements de survie, mais s'il y arrive, il peut devenir affectueux et aimant, même s'il garde toujours une certaine méfiance.

Un chat né d'une mère férale est beaucoup plus difficile à domestiquer. Il a dû lutter pour sa survie depuis sa naissance et son comportement social est fondé sur une existence essentiellement solitaire ou au sein d'une société féline peu structurée d'où les humains sont exclus. Les très jeunes chatons féraux *peuvent* être suffisamment domestiqués pour vivre dans des maisons, mais leur socialisation prend beaucoup de temps et se révèle souvent un processus décourageant requérant énormément de patience. Un grand nombre de ces chats restent agressifs envers les humains, malgré des soins attentifs.

Certaines personnes se consacrent à aider les chats féraux, surtout dans des régions où ils sont nombreux. Elles leur donnent de la nourriture et, dans certains cas, les capturent pour les emmener chez le vétérinaire où ils sont examinés, stérilisés et vaccinés avant d'être relâchés à l'endroit où ils ont été trouvés.

Ils peuvent ainsi vivre en liberté comme ils y sont habitués, mais sans pouvoir se reproduire.

Il existe une troisième catégorie de chats qui ne vivent pas dans les maisons, mais qui ne sont ni sauvages ni féraux : ce sont les *chats de ferme ou de grange*. Par définition, ils vivent à la campagne, habituellement dans une ferme ou un grand domaine. Ces animaux n'entrent jamais dans les maisons ; ils vivent dans les granges ou autres bâtiments, sous les galeries ou dans tout endroit qui peut leur servir d'abri. Ils chassent et attrapent des rongeurs, et reçoivent souvent les restes des repas des fermiers. Ces chats sont en général calmes et affectueux avec les humains et les autres animaux, mais ils ne sont pas vraiment domestiqués et ne sont pas de vrais chats de maison. Ils sont pour la plupart mal à l'aise et malheureux lorsqu'on les confine soudainement dans un logement. Comme de rares chatons féraux, un très jeune chat peut être exceptionnel et s'adapter à la vie à l'intérieur.

Les chats de races contrôlées

Comme je l'ai mentionné au chapitre 3, l'une des meilleures façons de mieux connaître les races contrôlées est de se rendre à une exposition féline. Une petite mise en garde s'impose cependant : naturellement, chaque éleveur de chats pense que sa race est la meilleure et veut vous vendre l'un de ses chatons. Ne vous laissez pas influencer et prenez ce que les éleveurs vous disent avec un grain de sel. Les propriétaires d'un chat de race sont parfois plus objectifs, mais il leur arrive aussi d'avoir des préjugés. Demandez des références et parlez avec le plus grand nombre possible de maîtres d'un chat de la race qui vous intéresse. Informez-vous sur les traits qui pourraient influencer votre appréciation d'une race en particulier, comme ceux en rapport avec l'énergie et l'affection, le brossage, la mue, l'instinct destructeur dans la maison, la fréquence et le volume des miaulements, bref, sur toute caractéristique qui pourrait vous déranger.

Tous les chats d'une race contrôlée doivent être inscrits à une association nationale pour pouvoir participer à des expositions ou servir à la reproduction. L'association la plus importante au monde est la Cat Fanciers' Association ; il existe aussi des associations régionales ou de moindre envergure. Un éleveur doit remplir toutes sortes de formulaires d'inscription et prouver que les ancêtres de son chat avaient tous le pedigree voulu. Dès qu'un chat a été accepté par une association, il peut participer aux expositions et être utilisé pour la reproduction, conformément aux règlements de l'association ou aux normes établies pour la race à laquelle il appartient. Chaque association reconnaît seulement un certain nombre de races de chats existantes. Par exemple, la CFA, autrement dit le plus grand registre au monde, reconnaît 35 races différentes en ce moment, mais plusieurs autres races reconnues par d'autres associations ne figurent pas sur la liste de la CFA. Un chat n'a pas besoin d'un long pedigree pour participer à de nombreuses expositions félines, où il est d'ailleurs fréquent de voir des chats domestiques ou de races mélangées.

Trouver un éleveur de chats de compagnie

Si vous êtes comme la majorité des gens désireux d'adopter un chat, vous ne vous intéressez ni aux expositions ni à la reproduction, et le pedigree de l'animal vous importe peu. Vous êtes à la recherche d'un type physique, d'une personnalité et d'un tempérament en harmonie avec votre famille et votre mode de vie, et vous estimez qu'un chat de race est plus susceptible de répondre à ces critères qu'un chat de gouttière.

Pour trouver ce chat particulier, vous devez d'abord trouver un éleveur aimant vraiment les chats et disposé à vous aider à choisir l'animal qui vous conviendra le mieux et sera très heureux chez vous. L'éleveur ne cherche pas, ou ne devrait pas chercher, un propriétaire qui perpétuera la race ; c'est à lui que revient cette tâche. Il cherche un bon maître qui offrira un foyer agréable et chaleureux aux chatons de compagnie (et non d'exposition) qui composent la majorité des portées. Il cherche un propriétaire qui *ne laissera pas* son animal s'accoupler et perpétuer ainsi d'éventuelles caractéristiques hors norme (par exemple, une tache blanche sur la patte d'un siamois, des marques inégales sur la robe d'un british shorthair ou une courbure anormale de la queue d'un abyssin, lesquelles n'ont aucune incidence sur les qualités recherchées chez un animal de compagnie). En fait, il insistera probablement pour que vous fassiez stériliser votre chaton. Il pourrait aussi exiger que vous le gardiez à l'intérieur pour éviter qu'il s'accouple à votre insu, s'égare ou se blesse. Enfin, il pourrait avoir une opinion bien arrêtée sur l'enlèvement des griffes. Sachez que les éleveurs exigent souvent que les futurs propriétaires de leurs chatons s'engagent à suivre leurs directives, faute de quoi ils refuseront de leur vendre un animal. Vous ne voulez pas signer un tel contrat ? Alors vous n'aurez pas de chaton ! Toutes ces exigences visent à vous forcer à offrir au chat ce que l'éleveur considère comme le meilleur foyer possible pour l'un de ses « bébés ».

Si vous songez à inscrire votre chat à des expositions et à l'élever en privilégiant ses qualités d'animal de concours, vous devez savoir clairement ce que vous cherchez et choisir l'éleveur en conséquence. Cependant, il est parfois difficile de trouver un très bon éleveur qui agit dans l'intérêt de *tous* ses chatons, non seulement ceux destinés aux expositions et à la reproduction, mais aussi ceux destinés à vivre au sein d'une famille aimante. En outre, dès qu'une race devient populaire ou à la mode, toutes sortes d'éleveurs mal informés et opportunistes apparaissent comme par enchantement. Âpres au gain, des gens qui ne connaissent rien à la génétique féline ni aux méthodes de croisement utilisées pour obtenir des chats de bon tempérament font s'accoupler sans discernement le plus grand nombre de chats possible. Ils obtiennent souvent des chatons qui ont des tares physiques et n'ont jamais bénéficié des soins d'une mère calme et en bonne santé. Dans ces cas-là, les chattes sont vues comme des « usines à chatons » et ne reçoivent pas l'attention affectueuse ni les soins médicaux qu'elles méritent et dont elles ont besoin pour donner des chatons équilibrés et robustes. De plus, les chatons ne sont pas bien soignés et ni socialisés. De tels éleveurs sont comparables aux éleveurs de chiens dirigeant ce qu'on appelle des « usines à chiots ».

Vous avez peut-être décidé pour une raison ou pour une autre que vous vouliez un chaton immédiatement. Quand vous trouverez la personne élevant des chats de la race que vous avez choisie, il y a fort à parier qu'elle n'en aura aucun à vous proposer – un bon éleveur ne « produit » pas des chatons sur demande. Si vous voulez avoir un chaton ou un chat de race comme animal de compagnie, vous devrez vous armer de patience, car il se pourrait que vous deviez attendre assez longtemps avant que le chat de vos rêves ne se présente.

Que faut-il savoir sur un éleveur ?

Ses résultats : Le bouche-à-oreille est l'une des meilleures façons de trouver un bon éleveur. Si l'un de vos amis, une connaissance, l'ami d'une amie ou la belle-sœur d'un collègue de travail possède un chat de la race de votre choix, adressez-vous à cette personne. Leur animal de compagnie est-il en tous points satisfaisant ? D'où vient-il ? La réputation d'un bon éleveur tient à ses résultats sur de nombreuses années. On peut probablement se fier à un éleveur qui est en affaires et offre de bons chatons depuis plusieurs années.
La taille de son entreprise : Combien de chats un éleveur possède-t-il en même temps ? Où la plupart de ses chatons et de ses chats passent-ils le plus clair de leur temps, dans des cages ou dans un vaste chenil ? Sont-ils en liberté dans la maison ? Qui s'occupe principalement d'eux, l'éleveur lui-même ou un employé ? Si les animaux sont gardés en cage la plupart du temps, donne-t-on à chaque chaton ou chat du temps pour courir et côtoyer des humains ou d'autres chats ? (Cela est particulièrement important si vous possédez déjà un chat ou avez l'intention d'adopter deux chatons en même temps.) Autrement dit, l'entreprise est-elle

grande au point que les chats sont gardés en permanence dans des cages ou des enclos et n'ont aucune possibilité de développer des relations avec des personnes et avec d'autres animaux ou de s'accoutumer aux activités domestiques, ou bien chaque animal a-t-il la chance d'être pris dans les bras, caressé et habitué à vivre dans un foyer ? Vous aurez peut-être de la difficulté à le découvrir. Évidemment, l'éleveur voudra donner l'impression que ses chats vivent dans un climat familial. Si possible, allez visiter ses installations pour voir par vous-même ce qu'il en est. Sinon, demandez-lui au moins des photos de ses installations et renseignez-vous sur le nombre de chats et de chatons qui y habitent en même temps.

Le nombre de races qu'il élève : Les éleveurs consciencieux se concentrent sur une race ou sur quelques races apparentées (par exemple, les british shorthair et les scottish fold, ou quelques races orientales). Un éleveur qui s'éparpille trop et dont l'élevage comprend un certain nombre de races complètement différentes, ne peut pas *vraiment* connaître et comprendre la personnalité de ses chats ou même les soins de santé particuliers dont ils ont besoin. Il n'est pas un vrai passionné d'une race en particulier.

Sa connaissance des techniques d'élevage et des problèmes de santé: Un bon éleveur veut naturellement que ses chatons et ses chats soient robustes et en bonne santé. Cependant, un éleveur inexpérimenté, ou sans scrupules, peut ne pas savoir reconnaître, ou négliger délibérément, des défauts génétiques (hérités) ou congénitaux (présents à la naissance) touchant fréquemment la race à laquelle appartiennent ses chats. Bien que ces maladies soient assez rares chez les chats (ce qui n'est pas le cas chez les chiens, sélectionnés depuis beaucoup plus longtemps), elles peuvent influencer la santé du chat et sa qualité comme animal de compagnie.

Il peut être utile de demander à votre vétérinaire des informations sur les problèmes de santé touchant la race que vous convoitez ou de lire à ce sujet, puis d'interroger l'éleveur sur les mesures prises pour aider à repérer les chatons qui possèdent des gènes indésirables. Par exemple, si un de ses chats reproducteurs manifeste un problème typique de la race, continue-t-il à l'accoupler ou le retire-t-il de son pool de reproducteurs ?

Voici quelques exemples de problèmes génétiques ou congénitaux : les abyssins, les siamois et les somalis peuvent souffrir d'une dégénérescence de la rétine, qui conduit à la cécité ; les birmans, les himalayens et les persans peuvent souffrir de la cataracte ; les somalis sont prédisposés à la myasthénie (une maladie caractérisée par une grande faiblesse musculaire, des difficultés respiratoires et des régurgitations) ; les himalayens héritent souvent de la maladie de von Willebrand, un trouble de saignement. Un éleveur conscient de ces problèmes potentiels et qui travaille à leur prévention est un bon éleveur.

Quelles sont les conditions proposées par l'éleveur en cas de retour d'un chaton ou d'un chat ? Qu'arrive-t-il si le chaton tombe malade et meurt ? Tout éleveur responsable veut que ses animaux soient en bonne santé au moment où ils sont achetés et présume qu'ils le sont. Cependant, compte tenu de la nature contagieuse de nombreuses maladies félines et de la facilité avec laquelle elles se répandent dans un milieu où vivent plusieurs chats ou dans les expositions, un chaton apparemment en bonne santé au moment de son adoption peut tomber malade et même mourir (surtout s'il s'agit d'un chaton qui n'a pas reçu tous ses vaccins avant son adoption).

Même un chaton ou un chat en parfaite santé et choisi avec soin peut ne pas convenir à votre famille. Il peut être trop bruyant, trop exigeant ou moins affectueux et réceptif à l'attention que vous ne l'espériez. Peut-être a-t-il de la difficulté à tolérer un membre de la famille. Que faire ?

Vous devez vous assurer que vous serez protégé si l'un ou l'autre de ces problèmes se pose. Veillez à ce que l'éleveur signe avec vous une entente garantissant le remplacement de l'animal par un autre de votre choix, ou la reprise et le remboursement de l'animal, si l'adoption n'a pas le succès escompté.

Qu'est-ce qui fait du chaton ou du chat auquel vous vous intéressez un bon animal de compagnie plutôt qu'un animal de concours ? Autrement dit, quels sont ses défauts ? Un vrai professionnel saura répondre à cette question sans hésitation. Selon les normes établies pour chaque race, les distinctions sont parfois ténues. L'animal qui vous intéresse peut avoir la queue légèrement trop longue ou trop courte, les oreilles trop pointues ou trop arrondies et des taches de couleur aux mauvais endroits – des défauts chez un chat de concours, mais qui ne modifient en rien les qualités d'un animal de compagnie.

Organisations de secours aux chats de race

Il existe, pour la plupart des races de chats, une organisation qui se spécialise dans l'adoption de chats dont les maîtres ne peuvent plus s'occuper. Les raisons de cette triste situation sont multiples :

un maître tombe malade et meurt, il déménage dans une résidence où les chats sont interdits, il vit de graves bouleversements familiaux, etc. Ces chats sont habituellement bien socialisés. Dans les rares cas où ils ne le sont pas, des bénévoles travaillent avec eux pour prévenir les problèmes éventuels. Si un chat est difficile sur un point en particulier, les bénévoles tenteront de lui trouver un foyer approprié et un propriétaire expérimenté. Ils ont pour seul but de trouver à ces chats un bon deuxième foyer permanent.

Pour obtenir de plus amples renseignements sur les groupes de secours aux chats de race, adressez-vous à votre vétérinaire. Faire appel à ce genre d'associations peut être un bon moyen de trouver l'animal de compagnie que vous désirez.

Chapitre 5

L'arrivée à la maison

Maintenant que vous avez enfin trouvé le chaton ou le chat que vous vouliez vraiment, le moment est venu de vous préparer à son arrivée à la maison. Pour développer de bons rapports avec lui, vous devez rendre son arrivée aussi agréable et aussi peu stressante que possible pour vous deux. Cela étant dit, l'idéal est d'attendre au moins une journée ou deux avant de ramener votre nouvel animal de compagnie à la maison, de manière à avoir le temps de vous procurer les quelques objets dont vous aurez besoin et de revoir l'aménagement de votre maison en fonction de l'âge du chat. Vous devrez aussi trouver un vétérinaire et découvrir un endroit approprié où installer le bac de litière.

Vous ne ramèneriez pas un bébé à la maison sans lui avoir préparé un endroit pour dormir, sans vous être procuré tout ce qu'il lui faut pour son confort et sa sécurité et sans avoir trouvé un bon pédiatre. Il en va de même pour le nouveau membre à quatre pattes de votre famille. La première impression qu'il aura de son nouveau foyer influencera grandement la façon dont il s'y adaptera. N'oubliez pas qu'il est fort possible qu'il soit nerveux ou méfiant. Il n'est jamais allé chez vous auparavant et s'il s'agit d'un chaton, peut-être est-ce la première fois qu'il est séparé de sa mère et des autres chats de la portée. Vous devez donc lui offrir le confort et la sécurité dont il a besoin, et agir à la fois comme sa mère et son protecteur. L'animal doit se sentir en sécurité et le bienvenu. Si c'est le cas, vous aurez déjà fait un grand bout de chemin et aurez établi un lien solide avec votre nouveau chat.

La visite chez le vétérinaire

Une fois que vous avez adopté un chat ou un chaton, l'étape la plus importante consiste à vous mettre en rapport avec un vétérinaire, qui veillera sur la santé de votre nouveau compagnon, de préférence pour le restant de ses jours. Si votre chat doit faire partie intégrante de votre famille, il est indispensable que vous entreteniez des rapports réguliers et satisfaisants avec un vétérinaire. En ramenant votre chat ou votre chaton à la maison, faites un arrêt chez le vétérinaire, surtout si vous avez adopté un animal égaré ou un animal venant d'un refuge. Une telle visite s'impose aussi si vous avez d'autres animaux de compagnie ou si vous avez des enfants ; si ce n'est pas le cas, vous pouvez toujours attendre un jour ou deux avant d'aller chez le vétérinaire, mais jamais plus longtemps.

Comment choisir un vétérinaire pour votre chat

Si vous ne connaissez pas déjà un vétérinaire, vous trouverez peut-être déroutant ou même décourageant d'essayer de trouver le candidat parfait, surtout si vous vivez dans un endroit où il y a de nombreuses cliniques pour animaux. Dans une petite ville, peut-être n'aurez-vous pas grand choix; il pourrait n'y avoir qu'une seule clinique vétérinaire à une distance raisonnable. Dans la plupart des régions urbaines et suburbaines, cependant, le choix est vaste; vous devrez donc bien vous renseigner. Comment réussirez-vous à trouver un bon vétérinaire près de chez vous? Je vous suggère de commencer par demander à des voisins et des amis qui ont des animaux de compagnie de vous faire des recommandations. Réfléchissez à ce que vous attendez d'un vétérinaire avant d'en choisir un.

Quelques questions à vous poser avant de choisir un vétérinaire

- Le vétérinaire est-il à l'écoute de ses clients?
- Semble-t-il s'intéresser à moi et à mon nouveau chat?
- Le vétérinaire aime-t-il les chats?
- La clinique est-elle équipée pour garder un chat malade ou blessé?
- Les animaux y sont-ils bien surveillés?
- Le vétérinaire peut-il être consulté par téléphone si cela est nécessaire?
- Y a-t-il un horaire fixe pour les consultations téléphoniques?

- Quelles sont les mesures pouvant être prises en cas d'urgence ?
- Y a-t-il un membre du personnel disponible durant les week-ends, les jours de congé ou en dehors des heures d'ouverture, ou bien devrai-je emmener mon chat ailleurs s'il tombe malade ou s'il se blesse ?
- Le personnel tient-il bien les dossiers, et les clients reçoivent-ils un rappel lorsque des vaccins doivent être renouvelés ?
- La clinique offre-t-elle des services non médicaux, comme des services de toilettage ou de pension ? (Remarque : cela peut ne pas avoir beaucoup d'importance pour vous, à moins que vous ne viviez dans une petite collectivité où ces services ne sont pas offerts ailleurs.)

Si vous souhaitez vous en tenir aux soins minimums, comme les vaccins et les injections de rappel, et aux opérations chirurgicales courantes, telles que l'ovariectomie et la castration, le choix du vétérinaire n'est pas trop crucial. Par ailleurs, si vos ressources sont limitées, il existe de nombreuses cliniques qui demandent des sommes modiques pour effectuer la plupart des interventions courantes.

En revanche, si vous comptez faire de votre chat ou de votre chaton un membre important de votre famille, vous voudrez établir des rapports réguliers et satisfaisants avec un vétérinaire. Ces rapports devraient ressembler à ceux que vous entretenez avec votre médecin personnel, avec le pédiatre de vos enfants ou avec votre dentiste. Pour développer de tels liens avec votre vétérinaire, vous devrez le consulter et lui amener votre animal à quelques reprises pour qu'il puisse mieux le connaître et le soigner.

Je crois sincèrement que, dans le cas d'un chat, il est préférable d'opter pour une clinique vétérinaire plutôt que pour un vétérinaire travaillant seul. Dans une clinique, il y aura toujours plus d'un vétérinaire qui connaîtra votre chat et le contenu de son dossier. Même si vous préférez toujours prendre rendez-vous avec le même vétérinaire, vous saurez qu'un des autres vétérinaires de la clinique pourrait au besoin prendre la relève. Dans certains endroits, il y a des vétérinaires qui se consacrent exclusivement aux chats, ce qui vous conviendra peut-être mieux, plus particulièrement si votre chat est d'une race rare ou s'il a besoin de soins particuliers.

Commencez par visiter la clinique seul pour vous en faire une idée objective. L'endroit n'a pas besoin d'être ultramoderne ; souciez-vous plutôt de la propreté des lieux. Voyez si le personnel est amical et soigné. Semble-t-il s'intéresser à ses clients à quatre pattes ? Quelles sont les heures d'ouverture normales et les mesures prévues pour les urgences en dehors de ces heures ? Des ententes ont-elles été conclues avec d'autres vétérinaires dans le cas où un chat aurait besoin d'être vu par un spécialiste, par exemple un cardiologue, un chirurgien, un ophtalmologiste ou un dermatologue ? Quels sont les tarifs pour des interventions courantes ? Les cartes de crédit et les chèques sont-ils acceptés ou faut-il payer comptant ? Toutes ces questions étant très importantes, n'importe quelle bonne clinique vétérinaire devrait pouvoir y répondre sans difficulté.

Diverses associations professionnelles établissent des normes à l'intention des cliniques et des médecins vétérinaires qui en sont membres.

La première consultation

Lors de la première consultation, le vétérinaire vérifiera que votre chat n'a ni des parasites facilement transmissibles (comme les puces, les otodectes du chat et les vers) ni une maladie infectieuse ou contagieuse. Il auscultera son cœur et ses poumons, prendra sa température, le pèsera et le palpera soigneusement.

Il établira un calendrier des vaccins importants et des piqûres de rappel que votre chat doit recevoir et il vous fixera un rendez-vous pour le stériliser, si cela n'a pas déjà été fait. Dès que votre vétérinaire aura établi un bilan de santé positif, vous pourrez présenter sans danger votre chat aux autres animaux et aux enfants vivant dans votre foyer. Toute l'information que le vétérinaire aura recueillie sur votre chat sera consignée dans son dossier. Ainsi, il aura des points de repère si votre chat tombe malade. En outre, si vous deviez déménager, ce dossier serait d'une aide précieuse au nouveau vétérinaire qui s'occuperait de votre chat.

En plus de bien vous renseigner sur la clinique vétérinaire de votre choix, vous devez aussi déterminer ce que l'on attend de *vous* lors de votre première visite. Les cliniques ne fonctionnent pas toutes de la même manière. Téléphonez à l'avance à la réceptionniste ou à la secrétaire et posez-lui les questions suivantes :

- Outre les dossiers médicaux que j'ai en main, que dois-je apporter d'autre ?
- Le vétérinaire voudra-t-il un échantillon des selles de mon chat ?
- Mon chat doit-il être amené dans une cage de transport ? (La réponse sera certainement oui.)

- Est-ce qu'on voudra que je maintienne mon chat immobile pendant l'examen ou un membre du personnel se chargera-t-il de cette tâche ?

Le vétérinaire procédera à un examen complet de tout le corps de votre chat et appréciera toute information que vous pourrez lui donner au sujet de son appétit et de son niveau d'activité. Naturellement, si vous emmenez votre chat chez le vétérinaire sitôt après en avoir pris possession, vous n'aurez pas beaucoup de renseignements à lui communiquer outre ce qu'aura pu vous dire son ancien propriétaire ou les responsables du refuge ou de l'animalerie d'où il vient.

Trousse de départ d'un propriétaire de chat

Il y a de nombreuses mesures que vous pouvez prendre pour faciliter l'arrivée de votre chat ou chaton dans son nouveau foyer. La chose la plus simple et la plus importante que vous puissiez faire consiste à rassembler tout le matériel dont vous aurez besoin *avant* de le ramener à la maison. Voici huit choses essentielles que vous devrez avoir à portée de la main avant d'aller chercher votre futur compagnon.

- Une cage de transport solide
- De la nourriture (Essayez de savoir quels sont les aliments auxquels votre chat est habitué.)
- Un bol à nourriture (Remarque : toute assiette ou tout bol fera l'affaire ; les bols doubles pour l'eau et la nourriture sont peu commodes et donc déconseillés.)
- Un ou plusieurs bols d'eau (Vous devriez placer un bol d'eau pour votre chat à chaque étage de la maison.)

- Un ou plusieurs bacs de litière (Ici encore, si vous vivez dans une maison à plusieurs étages, il est préférable de placer un bac de litière à chaque étage. Si vous avez déjà un chat, prenez soin de prévoir au moins un autre bac de litière.)
- Un ou plusieurs arbres à griffer solides et stables, de préférence en jute ou en sisal, ou bien des « meubles » à grimper présentant des surfaces où un chat peut se faire les griffes ; dans une grande maison, il est recommandé de fournir à l'animal plusieurs arbres ou meubles à griffer. (Remarque : si votre chat a été dégriffé, un arbre ou un meuble à griffer lui fera faire l'exercice dont il a besoin.)
- Une brosse et un peigne
- Des jouets et de l'herbe-à-chats (Pour garder l'herbe-à-chats fraîche, conservez-la au réfrigérateur.)

Une cage de transport solide

Peut-être n'emmènerez-vous jamais votre chat en voyage, mais une cage de transport solide demeure un élément indispensable. En effet, même si votre chat apprend à marcher tenu en laisse, vous devrez le transporter dans une cage pour assurer sa sécurité.

Les cages de transport les plus courantes sont fabriquées à partir d'un matériau rigide et imperméable à l'eau (approuvé par les compagnies aériennes). Ces cages sont munies d'une ouverture grillagée pour laisser circuler l'air et permettre au chat de voir à l'extérieur. Il existe des housses qui « respirent » et que l'on peut utiliser par temps froid ou quand l'animal est particulièrement nerveux. Les housses en plastique sont déconseillées parce qu'elles réchauffent trop l'intérieur de la cage dès qu'il fait chaud dehors ou dans une pièce. Pour ma part, je préfère de loin les cages qui s'ouvrent sur le dessus et sur un côté. Il est beaucoup plus facile de soulever un chat nerveux hors de la cage que de le tirer à partir d'une extrémité de celle-ci (et de l'y installer en le déposant dans la cage plutôt qu'en le poussant pour le faire entrer par un bout de celle-ci). Les loquets sont préférables aux fermetures éclair, qui peuvent se coincer dans la fourrure et la peau de l'animal.

Il existe des sacs de transport à flans souples, qui sont aussi approuvés par les compagnies aériennes. Ces sacs sont légers, et de nombreux propriétaires de chats les préfèrent aux cages à côtés rigides.

Les boîtes de transport temporaires fabriquées en carton que les refuges et les animaleries remettent souvent aux nouveaux maîtres sont abominables. Elles procurent un sentiment de sécurité complètement faux. Un chaton de un kilo peut aisément trouver le moyen d'en sortir en cinq minutes – une leçon qu'apprennent à leurs dépens bien des nouveaux propriétaires qui se font griffer gravement les chevilles, les jambes ou les épaules par un chat terrifié de se retrouver libre dans une voiture en marche après s'être échappé de sa boîte en carton.

Avant d'aller chercher votre futur compagnon, prenez la précaution de vous munir d'une cage de transport solide. Celle-ci vous sera utile pendant toute sa vie.

La sécurité avant tout

Après avoir déterminé les précautions à prendre pour ramener votre chat à la maison en toute sécurité, vous devez vous mettre à sa place et faire de votre maison un endroit sûr pour lui.

Les chats peuvent tomber d'une *fenêtre,* ce qui peut avoir des conséquences très graves. On a parlé du « syndrome du gratte-ciel », mais une chute du deuxième étage peut aussi causer de sérieuses blessures à un chat ou à un chaton. Il existe diverses théories visant à expliquer pourquoi les chats tombent aussi souvent d'une fenêtre. Quoi qu'il en soit, la solution est simple comme bonjour. Assurez-vous que toutes les fenêtres que vous ouvrez dans la maison, même pour quelques minutes, sont munies de solides moustiquaires, hiver comme été. Un oiseau, un papillon ou une feuille flottant dans l'air sont d'un attrait auquel un chat ne peut résister – il sautera pour les attraper sans penser au trottoir ou à la surface dure qui l'attend. Les barreaux métalliques ne sont d'aucune utilité pour arrêter un chat déterminé, qui peut aisément se faufiler entre eux. Bien protéger les fenêtres est donc une mesure de sécurité très importante dont feraient bien de tenir compte les propriétaires de chats.

Les chats sont intrigués par les *objets linéaires* – ficelles, bouts de laine, fils et aiguilles, fils scintillants, élastiques. Ils adorent jouer avec de tels objets, et les avalent souvent dans le feu de l'action. Ces corps étrangers peuvent provoquer de graves lésions intestinales et entraîner la mort si l'accident n'est pas constaté à temps. Leur retrait nécessite parfois une intervention chirurgicale.

Examinez votre maison avec les yeux de votre chat et mettez hors de sa portée tous les objets avec lesquels il pourrait se blesser. Lorsque vous rangez ces objets, n'oubliez pas que les chats sont capables de sauter extrêmement haut et sont très astucieux ; nombreux sont ceux qui arrivent à ouvrir des portes, des boîtes, des tiroirs, des armoires et des placards.

La ficelle qui a servi à attacher de la viande, du poisson ou de la volaille constitue un autre danger. Il en est de même de toutes les sortes d'os, qui peuvent causer de graves lésions au tube digestif d'un chat. Si vos ordures ménagères contiennent de telles choses, veillez à les garder dans une poubelle munie d'un bon couvercle ou dans des sacs bien fermés – que vous ne laissez pas sans surveillance. N'oubliez pas que n'importe quel chat peut percer un sac de plastique sans difficulté !

Les chats sont moins portés que les chiens à s'intéresser à des *produits toxiques,* comme certains produits d'entretien, en raison des odeurs désagréables qu'ils dégagent. Il y a cependant certaines exceptions, la plus importante étant l'antigel, qui a un goût que les chats apprécient. Malheureusement, ce produit contient une substance chimique *très* toxique pour eux ; un chat qui a ingéré de l'antigel doit immédiatement recevoir des soins d'un vétérinaire. Si vous croyez avoir accidentellement répandu de l'antigel sur le sol du garage attenant à votre maison, prenez soin de garder votre chat hors de cette zone. Sachez aussi qu'il existe maintenant sur le marché des antigels moins toxiques, que vous préférerez peut-être vous procurer.

Le poison à rats et à souris peut être dangereux si votre chat attrape et mord ou mange un rongeur empoisonné. Si vous vivez dans un endroit où les rongeurs sont nombreux et où les gens sont susceptibles d'utiliser du poison, soyez particulièrement vigilant et empêchez ces ravageurs d'entrer dans votre maison.

On a beaucoup parlé des possibles dangers d'empoisonnement causés par les plantes d'intérieur. En général, cependant, un chat ne mange pas ces plantes en raison de leur goût et de leur odeur désagréables. Le danger vient surtout des baies et des feuilles tombées que les chats, et plus particulièrement les chatons, sont susceptibles de mordiller pour s'amuser. Par exemple, les baies de houx et de gui peuvent causer une grave enflure de la gueule et de la gorge d'un chat s'il en mange en quantités suffisantes. Les autres plantes potentiellement dangereuses incluent les dieffenbachia, les lys et les ifs du Japon. Comme vous ne saurez pas si votre nouveau chat est enclin à mordiller des plantes, il est préférable d'éviter ces variétés.

Si vous pensez ou savez que votre chat a ingéré une substance toxique ou possiblement toxique, communiquez immédiatement avec votre vétérinaire.

La plupart des chatons et des chats ne mâchouillent pas les *fils électriques*, comme le font souvent les chiots. Malgré cela, il est toujours bon d'inspecter les endroits où votre nouveau chat passera du temps en votre absence. Même s'il ne mordille pas les fils électriques, il peut très bien se mettre à jouer avec un fil qui pend de manière invitante et faire tomber une lampe, une radio ou quelque autre appareil qui pourrait le blesser (et rendre l'objet inutilisable). Avant de laisser votre chat seul dans une pièce, débranchez les petits appareils et enroulez bien leurs fils pour éviter les catastrophes.

Le bac de litière

Un bon bac de litière solide est tout aussi important qu'une cage de transport. En outre, son emplacement et la litière elle-même doivent être choisis avec soin. Une fois que vous avez placé un bac de litière dans en endroit donné et montré à votre chat où il se trouve, ne le déplacez pas sans lui montrer de nouveau où vous l'avez mis, ce qui évitera les dégâts. Certains spécialistes du comportement recommandent de ne déplacer un bac de litière que très graduellement – de seulement quelques centimètres par jour –, pour que le chat puisse s'habituer à ce changement. La plupart des chats préfèrent que leur litière soit dans un endroit leur procurant une certaine intimité ; ils détestent qu'elle se trouve dans un endroit passant.

De nombreux spécialistes du comportement des chats conseillent de compter un bac de litière par chat dans la maison, plus un bac additionnel. Si vous avez deux chats, par exemple, vous devriez avoir trois bacs de litière. Pour ma part, j'estime que cela dépend dans une large mesure de la grandeur du foyer. Si vous vivez dans un petit appartement et avez un chat, un seul bac aisément accessible suffira amplement, pourvu que vous le gardiez toujours propre.

S'il est conseillé d'offrir plusieurs bacs de litière à un chat, c'est parce qu'il n'utilisera probablement pas un bac souillé ou nauséabond. Je vous recommande donc de changer toute la litière au moins une fois par semaine et d'enlever les fèces dès que votre chat a fait ses besoins, soit une ou deux fois par jour à peu près.

Il existe des doublures en plastique qui s'installent dans la plupart des bacs. Les meilleures sont des sacs résistants munis d'un cordonnet, qui facilitent le remplacement de la litière. Les doublures en plastique mince se déchirent souvent lorsque le chat fait d'héroïques efforts pour enterrer ses déjections. Les vieux journaux ne conviennent pas pour tapisser un bac de litière.

Ils deviennent vite saturés et malodorants, et sont difficiles à enlever lorsqu'on veut changer la litière.

Il existe diverses sortes de litière (là encore, les journaux déchiquetés ne conviennent pas du tout). La plupart des maîtres choisissent une litière d'argile parce que les chats sont moins susceptibles de l'éparpiller. Cependant, de nombreux chats préfèrent la litière agglutinante semblable à du sable. Malheureusement, elle est plutôt malpropre, et si vous ne disposez pas d'un endroit, comme un sous-sol où vous allez peu, vous n'aimerez pas trouver du sable partout. Même les coussinets et les tapis-brosses conçus pour nettoyer les pattes des chats ne sont guère efficaces.

Par souci d'esthétique, certains maîtres optent pour un bac de litière couvert. Mais la plupart des chats ne les aiment pas. En effet, les chats se sentant vulnérables lorsqu'ils utilisent un bac de litière, ils préfèrent pouvoir regarder autour d'eux.

Un arbre à griffer

L'arbre à griffer constitue lui aussi un élément indispensable. Même si votre chat est dégriffé, il a besoin d'exercices d'étirement. Vous devez donc lui fournir un arbre à griffer solide ou quelque autre objet similaire dont le revêtement permet aux chats de se faire les griffes. Les chats dégriffés s'amusent régulièrement avec des arbres à griffer, ou avec les meubles de leur maître lorsqu'ils n'en ont pas.

Un arbre à griffer recouvert de corde.

Se faire les griffes est un comportement instinctif. Les chats grattent pour faire de l'exercice, pour se débarrasser de bouts de griffes prêts à tomber et pour laisser leur odeur à certains endroits, comme je l'ai déjà mentionné.

Le dégriffage

- Le dégriffage n'est généralement pas recommandé. Il s'agit d'une opération chirurgicale envahissante, qui ne doit pas être entreprise à la légère. Il est conseillé de consulter un vétérinaire et un dresseur d'animaux pour déterminer si cette intervention est nécessaire.

- Lors d'un dégriffage, les griffes et les os auxquels elles sont attachées sont enlevés jusqu'à la première articulation. Dans la plupart des cas, l'intervention n'est effectuée que sur les pattes de devant, les pattes de derrière étant rarement utilisées (hormis par les gros chats d'origine exotique) pour griffer et gratter. Habituellement, les chats sont gardés sous observation en clinique durant quelques jours après l'opération.
- De retour à la maison, le chat peut avoir les pattes sensibles pendant plusieurs semaines. Bien que les complications soient rares, une infection peut causer une enflure et l'apparition de pus aux endroits de l'intervention, une claudication, et une perte d'appétit. Certains vétérinaires prescrivent automatiquement des antibiotiques après le dégriffage. On recommande souvent de remplacer la litière par du papier déchiqueté pour éviter la contamination et l'infection.
- De nombreux éleveurs réputés et consciencieux insistent pour que les personnes voulant devenir propriétaires d'un chat signent un accord selon lequel elles ne le feront pas dégriffer.
- Suivez les conseils donnés aux pages 179 à 182 pour montrer à votre chat comment utiliser un arbre à griffer et l'inciter à le faire, et vous n'aurez même pas besoin d'envisager la possibilité de le faire dégriffer.

Un bon arbre à griffer doit être assez solide pour ne pas basculer, quelle que soit la vigueur avec laquelle le chat s'attaque à lui – et de nombreux chats n'y vont pas de main morte ! L'arbre doit donc avoir une base assez large et assez lourde. Les arbres à griffer en plastique ne sont pas très satisfaisants, quel que soit le matériau qui les recouvre, car ils ont tendance à tomber sur les chats. Et quand un arbre bascule constamment sur un chat, celui-ci s'en désintéresse et va faire ses griffes sur un canapé. Les arbres qui vont du plancher au plafond et offrent différentes surfaces pour les griffes sont excellents.

J'estime que les meilleures surfaces sont celles recouvertes de corde ou de jute, qui procurent une bonne base résistante sur laquelle le chat peut se faire les griffes.

Autres articles

Outre ceux mentionnés précédemment, les articles dont votre chat aura besoin sont peu nombreux.

En général, un chat n'a pas besoin de lit ; il préfère dormir où bon lui semble. Une fois que vous aurez ramené votre chat ou votre chaton chez vous, pensez à l'installer sur une vieille serviette, un vieux chandail ou une vieille couverture. Disposez cette couche dans un endroit chaud, loin du brouhaha de la maison, et montrez-la-lui. Il y a de bonnes chances qu'il s'y installera pendant un moment. Dès que votre chat se sera habitué à votre maison, cependant, il se mettra à dormir où bon lui semble. Il choisira probablement des endroits différents selon les moments de la journée, les jours ou les saisons, comme s'il faisait des caprices. Durant la nuit, s'il est très attaché à vous, il ira peut-être s'installer sur votre lit.

Un chat devrait toujours avoir à sa disposition un ou plusieurs bols d'eau. Ces bols peuvent être tout à fait ordinaires, mais ils doivent être faciles à nettoyer et assez lourds pour ne pas se renverser au moindre heurt.

Il en va de même des bols pour la nourriture. Toute assiette ou tout bol fera l'affaire – certains maîtres utilisent des assiettes ou des serviettes de papier. Si vous comptez laisser de la nourriture sèche à votre chat en tout temps, utilisez un bol alourdi ou un bol antidérapant que votre chat ne pourra pas faire tomber d'un comptoir (si vous avez un chien, vous devrez nourrir votre chat sur une table ou sur un comptoir, sinon le chien aura vite fait de vider le bol du chat). Je ne vous recommande pas d'utiliser une écuelle comportant deux parties séparées, car l'eau et la nourriture finissent toujours par se mélanger.

Gardez un peigne et une brosse à portée de la main. Même s'ils sont toujours en train de faire un brin de toilette, les chats ont besoin d'un brossage quotidien qui les débarrasse des poils superflus. Ainsi brossés, ils ne peuvent avaler des boules de poils pendant leur toilette.

Des jouets spéciaux sont nécessaires. Un morceau de papier chiffonné, un sac ou une boîte en papier vide et un bout de ficelle amusent énormément les chats et les chatons. Cependant, ces animaux aiment aussi l'herbe-à-chats. De ce fait, une souris ou un autre jouet contenant de l'herbe-à-chats leur procure beaucoup de plaisir, ainsi qu'à leur propriétaire. Il en est pareillement des souris mécaniques (mais elles font parfois peur aux chatons) et des petits animaux à plumes qui pendent au bout d'un bâton.

Un endroit à soi

Si votre nouveau chaton ou votre nouveau chat est un « animal unique » qui arrive dans un foyer ou il n'y a ni animaux ni enfants, il prendra sans doute la maison d'assaut. Cependant, s'il vient vivre dans une maison qui abrite déjà d'autres animaux et de jeunes enfants, il devra peut-être y être introduit graduellement. S'il n'a jamais vécu dans un foyer rempli d'animaux et d'enfants, il aura d'autant plus besoin de s'acclimater. Naturellement, un chaton ou un chat qui vient d'une « famille nombreuse » est mieux équipé pour composer avec une telle situation. Votre bon sens vous dira si votre nouvel animal a besoin d'être introduit graduellement dans votre foyer ou si vous pouvez l'y introduire tout d'un coup.

Jusqu'ici, j'ai surtout parlé des articles de tous les jours que vous voudrez avoir sous la main lorsque vous ramènerez votre chaton ou votre chat à la maison. Mais peut-être voudrez-vous aussi fournir à votre nouvel animal un refuge sûr (plus particulièrement si vous avez d'autres animaux ou de jeunes enfants), au moins jusqu'à ce qu'il s'habitue à votre foyer et à ses habitants.

Une caisse à claire-voie constitue une bonne solution. Elle devrait être assez grande pour contenir un bac de litière, des bols d'eau et de nourriture et un endroit confortable pour dormir, comme une tablette recouverte de moquette. Placez-la dans un coin, loin d'un lieu passant. Trouvez un endroit où votre nouveau chat ou votre nouveau chaton pourra voir ce qui se passe sans se sentir menacé. Les enfants et les autres animaux pourront ensuite s'approcher de la caisse sans lui faire peur. Vous n'avez pas besoin de le laisser dans cette caisse tout le temps, mais essayez de faire en sorte que ce soit son refuge pendant qu'il s'habitue à la maisonnée. Au bout d'un certain temps, vous pourrez laisser la porte de la caisse ouverte pour qu'il puisse aller et venir dans la maison et retrouver la sécurité de son « refuge » lorsqu'il en aura besoin.

Si votre nouvel animal a peur d'un chien ou des jeunes enfants, une barrière à pression dans le cadre de porte d'une petite pièce lui procurera certainement un sentiment de sécurité. Il pourra sauter par-dessus à son gré, mais le chien et les enfants ne le pourront pas. Là encore, fournissez-lui un bac de litière, de la nourriture, de l'eau et un endroit confortable pour dormir. Une fois qu'il sera habitué aux membres de la famille, vous pourrez retirer la barrière.

Chapitre 6

Un chat heureux et en bonne santé

Maintenant que votre chat est bien installé dans la maison, vous devez vous occuper des soins à lui prodiguer. On dit souvent qu'un chat n'exige pratiquement pas de soins, mais c'est un mythe à la fois très répandu et bien malheureux. Les gens pensent souvent que les chats ont besoin de très peu d'attention et de soins, qu'ils sont généralement moins dépendants de leurs maîtres que les chiens et qu'ils peuvent rester seuls pendant des périodes prolongées sans en souffrir.

Si vous voulez avoir de bons rapports avec votre chat, développer de véritables liens avec lui et même aller jusqu'à le dresser et entrer en communication avec lui de manière plus poussée – bref si vous voulez comprendre le langage des chats –, vous accorderez une attention toute particulière à son bien-être. En fait, vous devrez *obligatoirement* vous plier à cette directive pour faire passer votre relation avec votre chat à un niveau supérieur.

Votre chat est tout disposé à vous donner son affection inconditionnelle et à vous faire profiter de sa chaleur et de sa compagnie, sans parler de son incommensurable pouvoir de vous amuser, de vous divertir et de vous émerveiller. Il n'a besoin que de sécurité, d'un endroit où dormir, d'une alimentation qui comble ses besoins nutritifs, d'eau fraîche, de soins vétérinaires appropriés, de divertissements ou de distractions *et*, naturellement, de votre affection et de votre attention.

J'aime l'idée de résumer tout ce dont un chat a besoin en deux mots : attention et affection (tout comme j'ai résumé ma philosophie de dressage en trois mots : patience, persévérance et encouragements). Je crois sincèrement qu'un propriétaire de chat doit se mettre à la place de son animal et essayer de se rendre compte de ce qu'il ressent et observe. C'est là une étape essentielle pour pouvoir maîtriser véritablement le langage des chats et comprendre la « culture » féline.

Cela étant, permettez-moi d'aborder certaines règles d'hygiène et de soins indispensables pour garder votre chat heureux et en bonne santé.

Le vétérinaire de votre chat

Au chapitre 5, je vous ai parlé de la façon de choisir un vétérinaire et de ce que vous deviez attendre de votre première visite à sa clinique. Je veux maintenant vous parler des soins de routine.

La plupart des vétérinaires tiennent des dossiers sur leurs patients (ou clients) et envoient des rappels au moment du renouvellement des vaccins ou des rendez-vous annuels. Il est important de donner suite à ces rappels. Pour demeurer immunisé contre les maladies félines infectieuses et contagieuses, votre chat doit recevoir régulièrement des piqûres de rappel. Il a aussi besoin pour rester en bonne santé d'un certain nombre de vaccins importants. Même s'il ne sort pas, il doit malgré tout être protégé contre des maladies virulentes, comme la rage (même une chauve-souris qui passe par la cheminée ou par une fenêtre ouverte peut l'infecter ; en outre, un certificat de vaccination contre la rage est exigé dans certains pays). Il doit aussi être protégé contre des maladies félines que peuvent véhiculer l'air, des chaussures ou des vêtements. Votre vétérinaire pourra vous indiquer les vaccins dont votre chat a besoin selon la région géographique où vous habitez.

L'examen annuel est capital. Lorsqu'un vétérinaire voit votre chat régulièrement, il peut repérer rapidement une anomalie ou un changement qui vous a échappé. Une visite à la clinique vous fournit aussi l'occasion de discuter des changements dans la forme physique ou le comportement de votre chat au cours de la dernière année.

Naturellement, des situations particulières, comme une maladie, une infection ou une affection du tractus urinaire, peuvent vous obliger à des visites plus fréquentes chez le vétérinaire. Lorsque votre chat sera devenu un « aîné » (entre 12 et 15 ans), vous voudrez sans doute le faire examiner plus souvent, surtout s'il souffre d'une maladie chronique, comme le diabète, de troubles hépatiques, thyroïdiens ou rénaux, d'arthrite ou d'une perte graduelle de l'ouïe ou de la vue.

Gardez à l'esprit que, contrairement à un chien, un chat n'ira pas vers vous s'il se sent malade ou s'il a été blessé. Lorsqu'un chat n'est pas en forme, son instinct naturel le porte à se protéger contre les prédateurs. Il se trouve alors un petit coin sombre et isolé où se cacher.

Votre chat ne pouvant vous dire qu'il n'est pas bien, vous ne le saurez que si vous remarquez des changements dans ses habitudes. Tout comportement inhabituel pendant plus d'une journée ou deux peut être un signe que votre chat ne se sent pas bien. Par exemple, s'il cesse de réclamer son petit-déjeuner sitôt réveillé le matin ou s'il ne s'installe plus sur votre lit pour la nuit, vous pouvez en conclure qu'il n'est pas dans son assiette. Vous devrez alors consulter un vétérinaire, idéalement une personne avec qui vous aurez déjà établi de bons rapports et en qui vous aurez confiance. Cette démarche est très importante pour garder votre chat en bonne santé.

La stérilisation

Tout au long de cet ouvrage, j'insisterai encore et encore sur l'importance de faire stériliser votre compagnon à quatre pattes. La stérilisation se fait par ovariectomie ou ablation des ovaires chez les femelles et par castration ou ablation des testicules chez les mâles. Non seulement la stérilisation en temps opportun prévient certaines maladies mortelles comme le cancer, mais elle permet aussi d'atténuer ou d'éliminer de nombreux comportements problématiques, de même que d'éviter les gestations accidentelles qui viennent grossir la population de chatons non désirés.

Qui veut d'une chatte en chaleurs à peu près tous les dix jours, s'agitant et « hurlant » jour et nuit ? Et qui veut d'un mâle miaulant sans cesse pour sortir, devenant agressif et urinant partout dans la maison ? Sachez que les chats non stérilisés sont loin de faire les meilleurs compagnons !

En général, il n'est pas conseillé de stériliser un chat avant qu'il n'ait atteint la maturité sexuelle, c'est-à-dire avant l'âge de six à huit mois. Cependant, certains refuges stérilisent dorénavant les chatons *avant* qu'ils ne soient adoptés, c'est-à-dire beaucoup plus tôt. Cette mesure vise à prévenir la naissance d'autres chatons non désirés. Les effets à long terme qu'une stérilisation très précoce peut avoir sur la santé n'ont pas encore été déterminés. Par conséquent, si votre chat n'a pas été stérilisé avant son adoption, il vaut sans doute mieux attendre qu'il ait l'âge recommandé avant de le faire opérer. Consultez votre vétérinaire à ce sujet.

Les thérapies auxiliaires

Tout comme la médecine pour les humains, la médecine vétérinaire fait appel à des thérapies auxiliaires lorsque la médecine traditionnelle ne donne pas les résultats escomptés. Par exemple, l'acupuncture ou les massages peuvent soulager les chats souffrant de l'une des nombreuses formes d'arthrite douloureuses.

L'acupuncture

L'association américaine de médecine vétérinaire (AVMA) recommande l'acupuncture pour traiter de nombreuses affections douloureuses qui frappent les chats. Ainsi, certains vétérinaires prescrivent des traitements d'acupuncture, en plus des médicaments appropriés, à leurs patients félins qui souffrent d'arthrite, d'une maladie dégénérative des articulations, de paralysie, d'épilepsie et d'asthme.

L'acupuncture est utilisée en Chine depuis des milliers d'années et elle demeure encore le seul traitement utilisé par une forte proportion de la population mondiale. Elle repose sur le principe du *chi*, un réseau d'énergie qui circule le long des méridiens du corps de tous les êtres vivants. Lorsque ce réseau d'énergie est obstrué pour une raison quelconque, il peut en résulter de la douleur, des lésions ou des maladies.

L'acupuncteur tente d'éliminer le blocage en insérant des aiguilles à des points précis le long du méridien qui mène à la région douloureuse ou malade de l'organisme. Le traitement vise à libérer certains neurotransmetteurs et certaines neurohormones, comme les endorphines. Les endorphines sont des acides aminés qui agissent comme des analgésiques naturels et peuvent aider à atténuer les douleurs d'un chat.

Si vous décidez de recourir à l'acupuncture pour soulager les souffrances de votre chat, assurez-vous que vous pourrez être présent pour le réconforter et le rassurer, en lui parlant dans le langage des chats, afin qu'il n'ait pas peur.

Les massages

Les massages s'apparentent à l'acupuncture parce qu'ils entraînent aussi la libération d'endorphines lorsqu'ils sont faits correctement.

Tout le monde aime se faire masser, alors pourquoi en serait-il autrement des chats ? Bien exécuté, un massage thérapeutique aura pour effet de relaxer les muscles de votre chat, de le calmer et de faire disparaître certains de ses maux et de ses douleurs. Vous pourrez vous aussi masser votre chat lorsqu'il n'aura pas de douleurs ; ce sera un merveilleux moyen de resserrer vos liens et d'accroître la confiance qu'il a en vous. Un bon massage calmera un chat hyperactif, réconfortera un chat malade et donnera en général un sentiment de bien-être tant au chat qu'à son maître.

J'ai mis au point mon propre massage (non scientifique) pour chats.

Le massage magique de Bash pour les chats

- Commencez par la tête de votre chat et massez-lui le crâne avec les pouces à la fois fermement et doucement. Partez du museau et effectuez des mouvements circulaires avec les pouces en remontant le long des joues et en continuant jusqu'à l'arrière des oreilles, puis en descendant le long des côtés de la gorge. Remontez vers les oreilles et flattez-les doucement en les « tirant » entre vos doigts. Si votre chat réagit mal lorsque vous lui touchez les oreilles ou la région des oreilles, soupçonnez une infection ou une inflammation des oreilles et consultez votre vétérinaire.
- Ensuite, massez la nuque de votre chat et passez les pouces fermement sur ses omoplates, puis laissez glisser vos pouces le long de sa colonne vertébrale. Utilisez vos pouces pour exécuter des mouvements circulaires et exercez une certaine pression sur la colonne vertébrale.
- Passez maintenant aux pattes de votre chat (ce qu'il n'appréciera peut-être pas au début, mais faites preuve de patience et vous saurez

le convaincre). Avec les pouces, frottez et flattez chaque patte l'une après l'autre, en commençant par le haut de la patte et en descendant jusqu'aux griffes. Terminez le tout en massant bien le bout des quatre pattes et en accordant une attention particulière aux coussinets.

- Une fois que votre chat et vous aurez goûté à mon massage, vous ne pourrez plus vous contenter d'une simple séance de caresses.

L'homéopathie

L'association américaine de médecine vétérinaire (AVMA) signale que l'homéopathie a donné de merveilleux résultats, plus particulièrement dans les cas où la médecine traditionnelle s'était révélée inefficace.

L'homéopathie a d'abord été pratiquée par Samuel Hahnemann au début du XIXe siècle, en Allemagne, et se fonde sur la croyance que les maladies et autres affections peuvent être traitées avec succès par l'administration de doses infimes d'une substance donnant des symptômes semblables à ceux des maladies ou affections en cause. Les remèdes homéopathiques sont généralement confectionnés à base de plantes et de substances végétales, mais certains se présentent sous forme de capsules ou de comprimés faits à partir d'extraits très dilués de substances animales ou minérales.

L'homéopathie n'est pas encore reconnue par la majorité de la communauté scientifique, mais si la médecine traditionnelle ne parvient pas à guérir votre chat, cela vaut la peine d'en parler avec votre vétérinaire.

Autres thérapies

La chiropratique et les neutraceutiques sont d'autres moyens thérapeutiques auxiliaires parfois utilisés pour traiter les chats.

La chiropratique repose sur le principe que des tensions anormales au niveau de la colonne vertébrale causent une irritation des nerfs. Une manipulation appropriée de la colonne a pour effet la disparition de cette irritation. Cette thérapie n'a pas été approuvée par l'association américaine de médecine vétérinaire (AVMA), mais certains vétérinaires la recommandent dans divers cas.

Les neutraceutiques sont des suppléments alimentaires formulés pour prévenir ou traiter une maladie. Ils se vendent dans les commerces d'aliments pour animaux et sur Internet, mais je ne vous recommande pas d'en donner à votre chat sans l'approbation de votre vétérinaire.

Qu'est-ce qu'on mange ?

En ce qui a trait à la nourriture, les chats ont la réputation d'être capricieux, ou du moins de ne pas s'en soucier autant que les chiens. Cela est peut-être vrai de certains chats, mais la plupart de ceux que j'ai connus (et ils sont nombreux) aiment vraiment manger. À la vérité, certains chats préfèrent certaines sortes d'aliments ou même un aliment particulier plutôt qu'un autre. Quoi qu'il en soit, la plupart des chats mangent avec appétit.

Il y a trois grands types d'aliments pour chats sur le marché : les aliments en conserve humides, les aliments semi-humides et les aliments secs. Au moment d'adopter votre chat, renseignez-vous si possible sur la marque ou la saveur de la nourriture à laquelle il est habitué, car un changement d'alimentation soudain risquerait de perturber son tractus digestif. Si vous voulez plus tard modifier son alimentation, faites-le graduellement. Mélangez un peu des nouveaux aliments avec les anciens et augmentez-en la proportion un peu plus tous les jours. Si vous constatez que votre chat a l'estomac à l'envers, réduisez la quantité de nouveaux aliments et recommencez l'exercice.

Les chats ont plusieurs besoins alimentaires particuliers. Leur alimentation doit leur procurer de la vitamine A, car leur organisme n'en fabrique pas. Ils ont aussi besoin d'une source quotidienne de niacine et de taurine. C'est pourquoi il est important de donner à un chat des aliments conçus en fonction de ses besoins (à un chaton, par exemple, il faut offrir de la nourriture pour chatons afin de combler ses besoins en rapport avec la croissance). La forme sous laquelle les aliments se présentent importe peu, mais il doit s'agir d'une formule « équilibrée et complète, pour chats ». De nombreux propriétaires de chats donnent à leur animal des aliments variés. De la nourriture sèche peut être laissée comme en-cas, tandis que les aliments en conserve sont servis matin et soir, et les aliments semi-humides, utilisés comme friandises (remarque : les aliments semi-humides renferment des agents de conservation, et certains vétérinaires ne les recommandent pas comme seul régime alimentaire pour les chats).

La plupart des chats ont bon appétit. Certains semblent même insatiables. Si votre chat est un de ceux-là, prenez soin de ne pas trop le nourrir. Un chat obèse n'est pas un chat en bonne santé. L'excès de poids fatigue le cœur et les autres organes internes. Si vous regardez votre chat de haut, vous devriez observer une taille légèrement marquée juste devant ses pattes de derrière. Si vous n'en voyez pas, votre chat est sans doute trop gros. Votre vétérinaire saura immédiatement s'il doit perdre du poids et pourra vous conseiller sur son alimentation.

En revanche, on parle souvent du chat capricieux qui lève le nez sur tout. Comme je l'ai mentionné au chapitre 2, ce comportement apparemment dédaigneux peut être attribuable au simple fait que le chat a le nez bouché de manière chronique et est incapable de sentir sa nourriture. Si vous croyez que c'est le cas de votre chat, emmenez-le chez le vétérinaire, qui pourra rapidement régler ce problème.

Lorsqu'un chat est stressé, il peut refuser de manger tant que la cause du stress n'a pas disparu ou tant qu'il ne s'y est pas habitué (la présence d'un nouvel animal ou d'une nouvelle personne dans la maison, par exemple). La plupart des chats domestiques sont assez bien nourris pour pouvoir supporter de sauter un, deux ou même trois repas.

En général, les maîtres aiment donner à leur chat toute une variété d'aliments de saveurs différentes. Du poisson un jour, du poulet le lendemain, du bœuf le surlendemain, et ainsi de suite. Il y a cependant des chats qui n'aiment vraiment qu'une sorte de nourriture ou qu'une seule saveur d'aliments. Pourvu qu'elle soit complète et équilibrée, il n'y a absolument aucun mal à toujours offrir la même nourriture à un chat, jour après jour. Peut-être trouvez-vous cela ennuyeux, mais si votre chat continue à manger avec appétit, c'est sans doute parce qu'il n'est pas de votre avis.

Les aliments que mangent les humains ne sont pas bons pour les chats. Tout d'abord, ces aliments ne leur fournissent pas les substances nutritives dont ils ont besoin pour être en bonne santé ; ensuite, ils occasionnent fréquemment des troubles digestifs. Certes, vous pouvez de temps en temps faire plaisir à votre chat en lui donnant un petit morceau de poulet ou de poisson. Mais évitez de tomber dans le piège consistant à ne lui donner que de la nourriture pour êtres humains. Si vous encouragez votre chat à s'habituer au goût du thon pour êtres humains, par exemple, il ne sera pas nécessairement en bonne santé, car cette nourriture ne lui fournira pas les éléments nutritifs dont il a besoin. En plus, une alimentation exclusivement à base de thon et ne contenant pas les suppléments dont il a besoin risquerait de provoquer de l'inflammation. Si vous ne donnez jamais de thon ordinaire à votre chat, il ne saura jamais faire la différence et appréciera la nourriture pour chats.

Il existe des aliments conçus spécialement pour combler les besoins des chats ayant des ennuis de santé particuliers, comme des problèmes cardiaques ou rénaux. Ils sont vendus exclusivement par les vétérinaires et sont généralement offerts uniquement sous forme d'aliments en conserve et d'aliments secs. La plupart des chats s'y habituent facilement.

L'heure du repas devrait être un moment agréable pour vous et pour votre chat. Lorsque vous le nourrissez, restez tout près de lui pendant qu'il mange. Parlez-lui, flattez-le et dites-lui qu'il est un bon chat. Cela vous rapprochera de manière agréable et vous fournira l'occasion d'utiliser le langage des chats.

Une préférence pour les endroits en altitude

- Les chats domestiques préfèrent généralement se trouver à une certaine hauteur du sol pour boire et pour manger. Peut-être ont-ils hérité ce comportement des léopards, qui grimpent toujours dans un arbre avec leur proie pour empêcher les maraudeurs, comme les hyènes, de leur voler leur nourriture.
- Les chats aiment manger sur une chaise, sur un comptoir ou sur une table, où ils peuvent aisément voir autour d'eux. Je nourris toujours mes chats sur un comptoir parce que mes chiens se jetteraient immédiatement sur leur nourriture si je la mettais par terre. Un jour où mes chiens n'étaient pas à la maison, j'ai placé la nourriture des chats sur le sol. Ils s'en sont approchés avec intérêt et l'ont reniflée, mais ils ne se sont pas vraiment courbés pour en manger. Je me suis dit qu'ils se sentaient trop vulnérables pour pencher la tête et se concentrer sur leur nourriture pendant qu'ils étaient sur le sol. J'ai remis les bols de nourriture sur le comptoir, où les chats sont immédiatement allés manger.
- Les chats n'aiment pas non plus boire dans des bols posés sur le sol. Comme je l'explique dans l'encadré ci-dessous, la plupart des chats domestiques que j'ai connus préféraient boire l'eau coulant goutte à goutte d'un robinet ou d'une fontaine que celle contenue dans un bol.

Les chats et l'eau potable

- Comme tous les mammifères, les chats ont besoin d'eau potable. Sans eau, ils se déshydratent et risquent d'avoir des problèmes hépatiques et rénaux pouvant les rendre très malades. Cela est particulièrement vrai des chats qui ne mangent que des aliments secs ne contenant aucune humidité. Ceux qui mangent des aliments en conserve en tirent une certaine quantité de liquide, mais celle-ci n'est pas suffisante.

- Les chats se montrent souvent difficiles sur la qualité de l'eau. La plupart refusent de boire l'eau d'un bol dans lequel il s'est formé une légère écume ou une eau devenue stagnante, ainsi que de partager un bol d'eau avec un chien qui éclabousse partout. Les chats apprécient vraiment l'eau fraîche !
- Un propriétaire de chat peut régler le problème du bol d'eau de diverses façons. Par exemple, quand votre chat veut boire (il l'indique probablement en se plantant à côté de son bol et en vous regardant en miaulant), vous pouvez rincer son bol, l'essuyer pour enlever toute écume ou pellicule et le remplir d'eau fraîche.
- De nombreux chats aiment boire directement au robinet, quand on laisse couler l'eau très doucement ou goutte à goutte, et sautent sur le comptoir ou le rebord de l'évier pour demander à boire. Il y en a même qui sautent sur le bord des toilettes afin de boire l'eau fraîche dans la cuvette lorsque le couvercle est laissé ouvert. Si votre chat a pris cette habitude, n'utilisez pas de produits chimiques pour nettoyer vos toilettes. Enfin, il y a des chats qui adorent sauter dans la baignoire ou la douche pour lécher l'eau restée au fond. Alors, il faut là encore ne pas utiliser des produits chimiques de nettoyage.
- Certains propriétaires de chats installent pour leurs animaux des fontaines décoratives qui distribuent de l'eau fraîche en permanence.
- Malgré tous les caprices qu'ils font au sujet de l'eau potable, de nombreux chats prennent la mauvaise habitude de boire dans les soucoupes des plantes. C'est là une habitude qu'il faut décourager. L'eau que contiennent ces soucoupes peut contenir des produits chimiques et des minéraux dangereux qui viennent du sol ou du pot et peuvent causer des troubles de la digestion à un chat.

- Le lait peut tout à fait remplacer l'eau. Cependant, de nombreux chats ne digèrent pas le lait de vache entier, qui leur donne la diarrhée. Il est parfois utile de diluer le lait avec de l'eau. En outre, il existe sur le marché des produits ressemblant à des produits laitiers, mais spécialement formulés pour que les chats puissent les digérer plus facilement. Certains chats les préfèrent à l'eau. Le Pedialyte, formulé pour les nourrissons, contient des électrolytes et peut être une excellente boisson pour un chat, plus particulièrement s'il est malade.

Quel beau minou tu es !

Il est extrêmement important de vous occuper de la toilette de votre chat de manière régulière. Non seulement pour lui donner belle apparence, ce qui compte certainement beaucoup pour vous, mais aussi pour le débarrasser de ses poils de mue, le mettre à l'abri des affections cutanées et stimuler sa circulation sanguine.

Tous les chats perdent continuellement des poils selon un cycle naturel de remplacement des poils qui est lié à la fois à la photopériode et à la température ambiante. Un chat soumis à un stress perd toujours beaucoup de poils. Si les poils de mue ne sont pas enlevés régulièrement, le chat les avalera en faisant sa toilette, et ceux-ci formeront dans son estomac des boules qu'il recrachera en émettant des sons déchirants. Même les chats très bien entretenus peuvent vomir des boules de poils. Les vétérinaires vendent des préparations qui aident à prévenir la formation de boules de poils dans l'estomac et s'administrent par voie orale. Si votre chat recrache des boules de poils, renseignez-vous au sujet de ces remèdes auprès de votre vétérinaire. Et si vous avez un chat à poil long, le brossage évitera que les poils s'emmêlent et forment des nœuds.

Une séance de toilettage vous fournit une excellente occasion de bien examiner votre chat. Et c'est aussi une expérience utile pour approfondir vos liens avec lui. Le lieu choisi pour brosser votre chat n'a aucune importance. S'il n'aime pas que vous le teniez dans vos bras, une table ou un comptoir pourra faire l'affaire. Pensez à rassembler les articles dont vous aurez besoin et à les garder à portée de la main dans un tiroir, une boîte ou un panier.

Articles de toilette

- Brosse ou peigne, ou les deux
- Coupe-ongles
- Tampons d'ouate
- Ciseaux à bouts non pointus pour les chats à poil long
- Brosse à dents pour chats et dentifrice approprié
- Cadre en moustiquaire pour le bain (pour plus de détails, voir la section « Donner un bain à un chat ? », aux pages 115 à 118)

Brosser et peigner un chat

Vous pouvez brosser ou peigner un chat à poil long ou à poil court. Si vous brossez un chat à poil long tous les jours, vous éviterez que ses poils ne s'emmêlent et forment des nœuds. En cas de nœuds, la meilleure façon de les défaire consiste à séparer doucement les poils avec les doigts. N'essayez pas de les couper, car vous risquez de pincer ou de couper la peau du chat. Consultez un toiletteur professionnel ou un vétérinaire si votre chat a de vilains nœuds dans sa robe.

Si les poils s'envolent partout lorsque vous peignez ou brossez votre chat, passez un linge légèrement humide ou une serviette spéciale sur son poil après lui avoir fait sa toilette, ce qui vous permettra d'en ramasser une bonne partie.

Les yeux et les oreilles

Les yeux des chats restent habituellement propres, mais si des saletés se déposent dans le coin des yeux le long du museau, il faut les essuyer doucement avec un tampon d'ouate humide. Dans le cas des chats à poil long, il est parfois nécessaire d'éclaircir leur fourrure autour des yeux à l'aide de ciseaux à bouts ronds. Si vous devez effectuer cette opération délicate, faites très attention. Si votre chat est le moindrement nerveux, demandez à quelqu'un de le tenir pendant que vous lui coupez le poil autour des yeux ou confiez cette tâche à un professionnel.

Examinez les oreilles de votre chat lorsque vous faites sa toilette. Si vous remarquez qu'il y a de la cire ou des saletés, enlevez-les à l'aide d'un tampon d'ouate humide.

La gueule et les dents

Il est bon d'examiner la gueule et les dents d'un chat à intervalles réguliers. Soulevez la peau autour de la gueule de votre chat et examinez ses gencives. Elles doivent être roses et fermes. Si elles sont pâles ou saignent lorsque vous les touchez, ou bien s'il y a de l'inflammation ou des plaies, emmenez votre chat chez le vétérinaire.

Les dents et les gencives d'un chat ont besoin de soins réguliers, tout comme les dents et les gencives des humains. Vous devez brosser les dents de votre chat au moins une fois, sinon deux fois, par semaine. Si vous commencez à brosser les dents de votre chaton très tôt, il s'y habituera rapidement, et vous n'aurez aucune difficulté à le faire. Les chats plus vieux mettent plus de temps à s'y accoutumer, mais les bienfaits sont tels que cela vaut la peine de persévérer.

Vous pouvez vous procurer chez votre vétérinaire ou dans une animalerie une trousse contenant tout ce dont vous avez besoin pour prendre soin des dents de votre chat. Vous pouvez aussi envelopper votre index de gaze ou d'une débarbouillette humide et vous en servir comme « brosse à dents ». Certains propriétaires de chats confectionnent du dentifrice avec du bicarbonate de soude, du sel et de l'eau oxygénée, mais votre chat préférera sans doute un dentifrice aromatisé pour chats. En outre, le dentifrice pour chats est plus efficace pour déloger la plaque dentaire.

L'entretien des griffes

L'entretien de griffes est un aspect très important du toilettage de votre chat. Vous devriez lui couper les griffes toutes les deux ou trois semaines. Ici encore, si vous commencez à le faire lorsque votre chat est très jeune, il ne s'y opposera probablement pas. Autrement, vous vous heurterez peut-être à une certaine résistance.

Les griffes qui sont trop longues se prennent dans toutes sortes de choses. Si un chat reste accroché à un meuble, non seulement il risque de l'abîmer en tentant de se libérer, mais aussi de se blesser. En outre, un chat aux griffes trop longues peut accidentellement égratigner un autre animal ou une personne. En plus d'entretenir ses griffes, procurer à votre chat un bon arbre à griffer en sisal l'aidera à les garder en bon état.

Si vous n'avez jamais coupé les griffes d'un chat, demandez à votre vétérinaire de vous apprendre à le faire. Vous devez bien prendre garde de ne pas les couper trop ras, car vous risquez de sectionner le nerf et le vaisseau sanguin aboutissant dans la griffe. Si cela arrive, votre chat aura mal et saignera beaucoup, et vous aurez de grandes difficultés à le tranquilliser la prochaine fois que vous voudrez lui couper les griffes!

Pour amener votre chat à étirer les griffes, prenez sa patte et pressez doucement le dessous du coussinet avec le pouce. Si votre chat n'aime pas être tenu, essayez de l'asseoir sur vos genoux, le derrière contre votre corps.

S'il refuse de coopérer, vous devrez peut-être l'envelopper dans une serviette et ne libérer qu'une patte à la fois jusqu'à ce qu'il apprenne à se détendre et à vous faire confiance. Pour couper les griffes d'un jeune chat qui bouge constamment, demandez à quelqu'un de le tenir par la nuque les pattes pendantes, tout comme le ferait une chatte pour immobiliser son petit.

Donner un bain à un chat?

Voici un autre mythe sur les chats que j'aimerais bien déboulonner: les chats n'aiment pas les bains. Je donne souvent des bains à mes chats, et ils adorent cela. Un bain chaud et apaisant peut être thérapeutique pour un chat, pourvu que son propriétaire soit détendu et qu'il prenne plaisir à le baigner. Rappelez-vous un autre de mes dictons préférés : « un maître nerveux rend un chat nerveux ».

Dans le cas des chats à poil long, les bains réguliers empêchent les poils de s'emmêler et de former des nœuds. On donne fréquemment des bains aux chats de spectacle pour garder leur robe propre et luisante. Si vous-même ou un autre membre de votre foyer est allergique aux chats, des bains réguliers réduiront considérablement la quantité de salive dans leur pelage (remarque : nous savons que c'est la salive séchée dans le pelage, et non le poil lui-même ou les squames, qui provoque des réactions allergiques chez les humains). Il y a aussi des chats qui exsudent des sécrétions grasses. Partout où ils s'asseyent ou s'endorment, une substance noire graisseuse semble s'accumuler, et pour résoudre ce problème, rien ne vaut un bain. Les chats qui ne sortent pas attrapent rarement des puces, à moins qu'un autre animal (comme un chien) n'en introduise dans la maison. Si votre chat a des puces, vous devez lui donner un bain. Utilisez un shampoing spécial hypoallergénique qui n'assèche pas la peau.

Si votre chat n'a jamais pris de bain ou si vous ne savez pas comment le baigner, faites-vous aider par quelqu'un. Le premier bain de votre chat devrait être pour lui une expérience relaxante et agréable, ce qui ne sera pas le cas si vous êtes énervé, tendu ou peu sûr de ce que vous faites. Une personne calme qui connaît votre chat peut le tenir, le rassurer et rendre l'opération très plaisante.

Réunissez tout le matériel dont vous aurez besoin. Je vous recommande de placer un cadre avec moustiquaire dans le fond de la baignoire, sur un tapis de caoutchouc, pour que votre chat puisse s'y agripper et ne pas glisser. Vous pouvez confectionner ce cadre vous-même : mesurez votre baignoire et construisez avec des baguettes de bois un cadre de la bonne dimension sur lequel vous fixerez une moustiquaire à l'aide d'une agrafeuse. Placez le cadre côté agrafes vers le fond pour éviter que le chat ne dégrafe la moustiquaire.

Utilisez du shampoing pour chats et suivez le mode d'emploi – certains shampoings doivent être dilués. Ayez à portée de la main un gant de toilette et quelques grandes serviettes. Prenez soin de protéger les yeux et les oreilles de votre chat contre le savon et l'eau. Mettez-lui une goutte d'huile minérale dans chaque œil et des tampons d'ouate dans les oreilles.

Essayez de ne pas trop lui mouiller la face. Utilisez un linge humide pour lui nettoyer le coin des yeux et le museau. Évitez de faire gicler de l'eau dans sa face, ne lui versez jamais d'eau sur la tête et ne lui immergez jamais la tête dans l'eau.

Les chats sont parfois terrifiés par de l'eau qui coule. Je vous recommande donc de remplir la baignoire d'eau chaude à l'avance. Mettez votre chat dans la baignoire, mouillez-le à l'aide d'un gant de toilette ou versez-lui de l'eau sur le corps à partir de la nuque. Frottez le shampoing dans sa fourrure (n'en utilisez pas une trop grande quantité, sinon vous aurez de la difficulté à le rincer). Frottez bien le poil pour faire mousser le shampoing tout en parlant à votre chat et en le rassurant – vous pouvez transformer cette séance en un minimassage. Rincez-le ensuite à l'eau tiède en prenant soin de faire disparaître tous les résidus de savon, qui pourraient irriter la peau.

Enveloppez votre chat dans une grande serviette et frottez-le pour bien l'assécher. Pour mes chats à poil long, j'utilise un séchoir à cheveux réglé à la puissance et à la chaleur minimales pendant que je les brosse pour éviter que leurs poils ne s'emmêlent. Votre chat aura peut-être de la difficulté à s'habituer à ce rituel. Si vous devez utiliser un séchoir, mettez votre chat sur un comptoir ou sur une table pour le sécher ; sinon, frottez-le et asséchez-le, puis prenez soin de le laisser dans un endroit chaud et à l'abri des courants d'air tant qu'il n'est pas complètement sec.

Félicitations ! Vous venez de réussir à donner un bain à votre chat.

Exercice et divertissement

J'imagine que vous avez décidé de ne pas laisser sortir votre chat, pour toutes sortes de raisons de santé et de sécurité. Il est scientifiquement reconnu que les chats qui ne sortent pas vivent considérablement plus longtemps que les chats qui sortent à l'occasion ou vivent dehors.

Malheureusement, les chats qui ne sortent pas souffrent parfois d'ennui et d'oisiveté. Ils ont tendance à devenir sédentaires et obèses. Comment pouvez-vous remédier à ces problèmes ? Certains propriétaires de chat optent pour une solution intermédiaire : ils fournissent à leur chat un endroit clôturé où il peut s'amuser dehors en toute sécurité. Le rebord d'une fenêtre ou un arbre à griffer devant une fenêtre peuvent aussi procurer à un chat un merveilleux point de vue pour observer des écureuils, des oiseaux, des papillons, des lapins, des gens et des chiens. Certains chats aiment aussi regarder des « films vidéo pour félins », c'est-à-dire des films montrant des oiseaux, des poissons, des gerbilles, etc.

Bien que toutes ces choses procurent un divertissement à un chat qui ne sort pas, elles ne lui donnent pas l'occasion de faire de l'exercice.

Les jeunes chats n'ont généralement pas besoin d'encouragements pour sauter, grimper, courir et explorer leur environnement. En vieillissant, ils se mettent à dormir régulièrement pendant au moins dix heures par jour. Or, si leur sommeil n'est pas entrecoupé par quelque activité, ils sombrent vite dans la léthargie (et un sommeil encore plus prolongé). Pour remédier à cette situation, on doit leur offrir des objets destinés à les distraire, comme des arbres à griffer, des meubles et des jouets pour chats. Au bout d'un certain temps, toutefois, ces nouveautés finissent par perdre leur attrait, et la plupart des chats cessent de s'y intéresser. Les autres animaux de la maisonnée sont aussi une source de distraction et de divertissement pour un chat, mais seulement de manière sporadique.

Même s'il y a des jouets, des meubles pour chats et d'autres animaux de compagnie dans votre maison, votre chat a besoin d'interactions quotidiennes avec vous. Il ne vous faudra que quelques minutes pour lui lancer une balle ou une boule de papier qu'il pourra « chasser » et attraper. Laissez pendre une ficelle ou mettez un sac en papier vide sur le sol, et voyez comme votre chat s'amuse ! Donnez-lui de l'herbe-à-chats sur un comptoir ou sur une table, et regardez-le se rouler de plaisir. Il aura sans doute par la suite une petite crise d'excitation qui le fera courir partout dans la maison. Dites-vous que c'est là un excellent exercice!

Je crois sincèrement aux interactions avec les chats au niveau du jeu et à des niveaux supérieurs.

Les années de vieillesse

La génétique, l'environnement, le stress et la maladie déterminent le moment auquel votre chat deviendra un « aîné ». Les signes de vieillissement chez un chat sont à la fois comportementaux et physiques. En vieillissant, votre chat deviendra probablement plus lent, comme nous tous d'ailleurs. Il dormira davantage, se mettra à ronfler et à éternuer, perdra de son agilité et sera plus ancré dans ses habitudes.

À partir d'un certain âge, un chat peut perdre des dents, ses yeux peuvent se voiler et perdre de leur éclat, et sa robe peut devenir terne. Il arrive aussi qu'un vieux chat perde du poids et que les os des hanches et de la colonne vertébrale deviennent plus saillants.

Il peut aussi souffrir de raideurs et de douleurs articulaires. Mais un chat ne vous « dira » pas qu'il souffre (contrairement à un chien). Vous devrez vous en rendre compte par vous-même. S'il hésite avant de s'élancer sur le comptoir pour aller manger ou s'il se couche sur le sol à côté de votre lit au lieu de grimper comme il avait l'habitude de le faire, vous pouvez en conclure qu'il a trop mal aux pattes pour sauter. Vous pouvez l'aider dans une certaine mesure. Une chaise placée à côté du comptoir ou un pouf au pied du lit lui permettra de grimper par étapes, ce qui lui évitera des douleurs et de l'embarras.

Un maître perspicace remarque tout changement chez son chat. Les chats âgés ont besoin de soins de toilettage réguliers. N'importe quelle masse ou bosse que vous sentez requiert l'attention immédiate d'un vétérinaire. La détection et le traitement précoces de toute anomalie sont particulièrement importants dans le cas des chats âgés, car ils n'ont plus la même résistance. En outre, une intervention rapide amoindrit considérablement les risques de maladies graves.

Il arrive un moment où l'interaction quotidienne entre le maître et son chat est capitale. Rassurez votre compagnon continuellement en utilisant le langage des chats. Dites-lui que vous l'aimez vraiment et que vous vous souciez de lui et de son bien-être. Encouragez-le à entretenir des rapports avec vous en le caressant, en le flattant, en le massant et en recourant à toutes les techniques de communication que vous avez toujours utilisées avec succès. Ne lui demandez pas de faire des choses qui ne sont plus de son âge et qui peuvent lui causer des douleurs ou compromettre sa sécurité – bref, ne lui demandez pas de sauter à travers des anneaux s'il semble souffrant ou peu sûr de lui.

Un chat âgé qui a perdu des dents n'est parfois plus en mesure de manger des aliments secs. Donnez-lui des aliments humides en conserve. S'il a toujours aimé les aliments secs, ramollissez-les avec un peu de lait ou d'eau pour qu'il puisse continuer à en manger.

Du fait qu'il maigrit et que ses os saillent, le chat âgé devient souvent frileux et apprécie la douceur et la chaleur. Je recommande souvent à mes clients qui ont un vieux chat de lui installer un coussin chauffant recouvert d'une couverture ou d'une serviette où il peut se détendre en tout confort.

Le moment des adieux

Votre chat âgé mourra peut-être paisiblement dans son sommeil. Cela serait bien. Cependant, il est plus probable que vous aurez à décider de l'heure de sa mort. À quel moment la qualité de vie de votre animal chéri sera-t-elle mauvaise au point que vous devrez décider d'abréger ses jours ?

Il est à souhaiter que vous aurez déjà établi à ce moment-là d'excellents rapports avec un vétérinaire qui vous aidera à traverser cette épreuve. Y a-t-il un espoir que votre chat aille mieux et recommence à profiter de la vie et de sa relation avec vous ? Y a-t-il un moyen quelconque de l'aider ou va-t-il continuer à dépérir, à avoir mal et à ne plus jouir de la vie comme autrefois ?

Ce sont là des questions auxquelles vous devrez répondre. Si vous arrivez à la conclusion que votre chat souffre trop pour profiter de la vie, vous devrez prendre la douloureuse décision de recourir à l'euthanasie. Vous ne voulez pas qu'il continue à souffrir. Le moment est venu de mettre un terme à ses douleurs.

En général, les gens savent qu'ils vivront plus longtemps que leurs animaux de compagnie. Malgré cela, comment peuvent-ils se remettre de la perte d'un animal aimé ? Et vous ? Si vous avez d'autres animaux de compagnie, peut-être allégeront-ils votre peine, bien qu'eux aussi souffriront de l'absence de leur compagnon, incapables de la comprendre.

Quelques personnes vous diront peut-être : « Allons, ce n'était qu'un chat, tu vas t'en remettre ! » ou « Trouve-toi un autre chat ! ». Elles ne comprendront pas la profondeur des sentiments que vous éprouviez pour ce chat en particulier ni l'amour inconditionnel que vous avez perdu. Elles ne pourront imaginer les merveilleux échanges verbaux (dans le langage des chats) que vous avez eus avec lui.

Le temps atténuera votre peine. Si vous avez de véritables difficultés à supporter la perte de votre chat, consultez un professionnel qui saura vous conseiller. Le temps arrange les choses, et je suis prêt à parier que vous aurez bientôt un autre merveilleux félin à aimer et avec qui vous lier.

Le « conte de fées » qui suit est l'un de mes préférés, et j'espère qu'il vous aidera, vous et votre famille, à faire votre deuil.

Le pont en arc-en-ciel

De ce côté-ci du ciel, il y a un endroit appelé le pont en arc-en-ciel. Lorsqu'un animal qui a été particulièrement proche d'une personne de ce côté-ci meurt, il traverse le pont en arc-en-ciel. Une fois de l'autre côté, il se retrouve au milieu de prés et de collines où tous nos amis spéciaux peuvent gambader et s'amuser ensemble. La nourriture, l'eau et le soleil abondent, de sorte qu'ils vivent très confortablement.

Tous les animaux malades ou vieux recouvrent la santé et la vigueur; ceux qui étaient blessés ou handicapés reprennent des forces et deviennent tels que nous les voyons dans nos rêves. Les animaux sont heureux et satisfaits; il n'y a qu'une petite ombre au tableau: la personne très spéciale qu'ils ont laissée derrière eux leur manque terriblement. Tous, ils s'ébattent et jouent ensemble, mais il y a toujours un moment où l'un d'entre eux s'arrête soudainement et regarde au loin. Ses yeux brillants sont aux aguets; son corps excité tremble. Tout d'un coup, il s'éloigne du groupe en courant et plane au-dessus de l'herbe verte, ses pattes le transportant de plus en plus vite.

Dès qu'il a repéré l'être cher, il va vers lui, et tous deux s'étreignent, tout à la joie de cette heureuse réunion, sachant qu'ils ne seront plus jamais séparés. Des baisers inondent le visage; des mains caressent de nouveau la tête chérie; et un regard complice plonge de nouveau dans les yeux confiants d'un animal, disparu depuis très longtemps de la vie de son maître, mais jamais absent de son cœur.

Et ils traversent le pont en arc-en-ciel ensemble…

Auteur inconnu

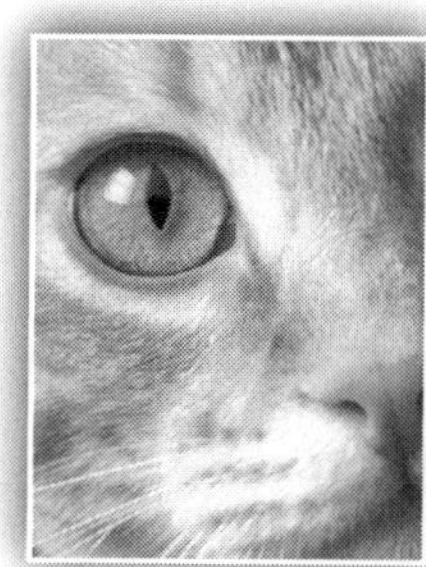

Chapitre 7

Le vocabulaire des chats

Les chats communiquent aisément entre eux en laissant des marques odorantes, en émettant des bruits et en utilisant le langage corporel. Si un chat s'aventure accidentellement sur le territoire d'un autre chat, il sait immédiatement par le langage corporel et les sons de l'autre chat s'il sera bienvenu, toléré ou chassé agressivement. Cela est important, car un chat peut ainsi éviter une dangereuse bagarre. Bien que les chats non castrés se livrent parfois des batailles sanglantes pour une femelle, ces combats ne vont pas jusqu'à la mort d'un des rivaux, car le perdant indique par son langage corporel qu'il est disposé à se retirer.

Les chats comprennent toujours de tels signes et agissent en conséquence ; baisser la tête ou bouger la queue d'une manière particulière sont chez les chats des signaux clairs que tout félin, du lion au chat tigré, peut saisir.

Un être humain ne comprend pas toujours les signaux lancés par son animal de compagnie. Malheureusement, ce manque de communication peut causer des malentendus et amener une personne à réagir d'une manière que son *chat* ne comprend pas. Le maître juge alors que son chat est « vilain », « distant » ou « antisocial » et finit par l'abandonner à lui-même. C'est là une bien triste situation qu'il est pourtant presque toujours possible d'éviter si l'on accepte d'en apprendre plus long sur son compagnon à quatre pattes, c'est-à-dire sur ses qualités propres et sur la façon dont il exprime ses sentiments et ses besoins.

Dans ce chapitre, je voudrais vous apprendre à interpréter le comportement de votre chat en vous amenant à comprendre son langage. Pour apprendre une langue, quelle qu'elle soit, il faut commencer par en maîtriser le vocabulaire. Je vous parlerai donc du vocabulaire des chats.

Au chapitre 2, j'ai traité des facultés sensorielles des chats, tout en expliquant comment elles surpassent celles des humains. En raison de cette supériorité sensorielle, les réactions des chats à leur environnement, ainsi qu'aux personnes, aux choses et aux autres animaux qui les entourent peuvent être beaucoup plus exagérées que celles des humains.

Un chat exprime ses sentiments par une combinaison de signaux, en se servant de sa face, de ses oreilles, de son corps, de sa queue, de ses griffes et de sa voix. Par conséquent, vous devez regarder l'ensemble pour pouvoir comprendre ce que ressent votre chat ou ce qu'il essaie de vous dire.

Les expressions faciales

La face d'un chat, comme celle d'un être humain, est la partie la plus expressive de son corps. Mais contrairement aux humains qui n'utilisent que leurs yeux et leur bouche pour exprimer leurs sentiments, les chats se servent de toutes les parties de leur tête. Ils bougent les oreilles, les moustaches, la gueule et les yeux pour exprimer leurs sentiments envers leur maître. Par exemple, vous devez absolument savoir que si votre chat a les yeux rétrécis, les oreilles baissées et les moustaches collées contre les joues, s'il remue la queue dans un mouvement de va-et-vient et émet des grognements un peu sourds, il vous dit : « Arrête immédiatement ce que tu es en train de faire ou je devrai te mordre ou te griffer pour te faire arrêter ! » Votre chat estime qu'il vous a prévenu, de sorte que s'il vous mord ou vous griffe, il ne le fait pas parce qu'il est vilain ou mauvais ! Il se protège simplement d'un comportement qui lui déplaît ou l'incommode.

Ce que disent les moustaches

La plupart des animaux ont des moustaches, mais celles des chats sont particulièrement polyvalentes. En plus de leur permettre de « mesurer » et d'éviter ainsi de rester coincés, les moustaches des chats, ou vibrisses, sont très expressives. Du bonheur à la colère elles traduisent tous les sentiments, toutes les émotions et tous les états.

En position normale, les moustaches d'un chat sont très lâchement groupées; elles s'étendent latéralement de chaque côté de son museau ou légèrement vers l'avant. Elles indiquent alors qu'il est détendu, satisfait et réceptif à toute forme d'attention.

Chat agressif et en colère.

Lorsque les moustaches d'un chat sont pointées vers l'arrière et collées contre ses joues, cela peut vouloir dire deux choses: soit il est ennuyé et en colère, soit il est effrayé et sur la défensive. Vous verrez les moustaches de votre chat se coller ainsi s'il se trouve soudainement en présence d'un chien, d'un chat ou même d'une personne qu'il ne connaît pas, ou bien s'il entend un bruit anormalement fort.

Certains chats sont plus peureux que d'autres et courent se cacher, les moustaches collées contre les joues, au moindre bruit ou remue-ménage. Un orage électrique, des enfants qui courent et s'ébattent dans la pièce d'à côté, la sonnette de la porte d'entrée, une conversation animée ou des rires sonores, tout peut déclencher une réaction de fuite chez un chat peureux. Si les moustaches et la posture de votre chat vous indiquent qu'il a réellement peur, la meilleure chose à faire consiste à le laisser aller se cacher en toute tranquillité. Avec le temps, il s'habituera peut-être à ce qui l'effrayait auparavant. Sachez qu'il est inutile d'essayer de raisonner un chat effrayé. Toute tentative de le faire sortir de sa cachette ne servira qu'à aggraver sa peur et à l'inciter à vous mordre ou à vous griffer.

Chat au faciès détendu et éveillé.

Un chat qui est excité allongera souvent ses moustaches vers l'avant de son museau.

Les chats se servent de leurs moustaches de manière unique pour explorer leur environnement, comme s'il s'agissait d'antennes. Lorsqu'un chat retrousse les moustaches latéralement et qu'il les fait bouger lentement en dessinant des cercles, cela signifie que quelque chose dans son environnement immédiat a éveillé sa curiosité; il utilise ses moustaches pour « sentir » les courants d'air et déterminer ce qui se passe, ou encore pour vérifier s'il y a des gens ou des animaux à proximité. Un chat peut remuer les moustaches fréquemment; par exemple, dès qu'une personne entre dans une pièce ou dès qu'une porte ou une fenêtre est ouverte. Les vibrisses des chats jouent un rôle très important dans leur évaluation du monde qui les entoure.

Ce que disent les oreilles

Si seulement nous pouvions bouger les oreilles comme le font les chats pour exprimer ce que nous ressentons! Comme celle des moustaches, la position des oreilles d'un chat en dit très long à un propriétaire averti et observateur. La plupart des chats ont les oreilles pointues ou légèrement arrondies au sommet et bien plantées sur le dessus de la tête. Les exceptions notables incluent les scottish fold et les american curl, qui ont les oreilles pliées. Malgré ces variations, les oreilles des chats demeurent très expressives.

En position normale et détendue, un chat a les oreilles tournées vers l'avant et pointées droit dans les airs. Cela indique qu'il est content. Lorsque quelque chose attire son attention, il peut baisser les oreilles latéralement et les tourner vers l'extérieur, de manière à mieux capter le bruit étrange ou intéressant qu'il entend (peut-être n'entendrez-vous rien du tout, car l'ouïe des chats est beaucoup plus fine que celle des êtres humains).

Quand un chat a peur, ses oreilles s'aplatissent vers l'arrière, tout comme ses moustaches. Peut-être essaie-t-il ainsi de se rapetisser aux yeux de son « ennemi » ou peut-être fait-il comme un enfant qui se met les doigts dans les oreilles pour bloquer un bruit effrayant. Quelle que soit la raison, laissez un chat apeuré tranquille. Si vous essayez de le réconforter, vous risquez de l'inciter à être agressif envers vous, car sa peur et son instinct d'autodéfense l'emporteront sur tout sentiment de sécurité que vous lui inspirez normalement.

Lorsqu'un chat a les oreilles baissées et dirigées vers l'arrière, c'est aussi un signe qu'il est en colère et même sérieusement contrarié. Gardez vos mains et votre visage à bonne distance !

Enfin, si un chat a les oreilles aplaties vers les côtés, cela indique la plupart du temps une irritation ou des douleurs aux oreilles. En outre, le chat se gratte généralement les oreilles. Si votre chat a souvent les oreilles dans cette position et s'il se gratte fréquemment, consultez un vétérinaire. Cette position des oreilles peut aussi indiquer d'autres ennuis de santé.

Ce que disent les yeux

Les chats se servent de leurs yeux pour exprimer leurs sentiments, comme le font tous les animaux. Certains chats ont les yeux ronds, d'autres légèrement en amande, tandis que d'autres encore ont des yeux protubérants. En général, cependant, les yeux de tous les chats expriment les mêmes sentiments. Les chats ont une vision binoculaire (sauf peut-être les siamois, qui font souvent du strabisme) ; cela signifie qu'ils voient les objets en trois dimensions, tout comme les humains. Leur vision est excellente, plus particulièrement dans la pénombre. Leurs pupilles sont verticales et elles se dilatent ou se contractent selon l'intensité de la lumière : si la lumière est faible, leurs pupilles rondes et dilatées occupent presque toute la surface de l'œil ; si la lumière est vive, leurs pupilles se rétrécissent jusqu'à devenir de minces fentes verticales.

Un chat détendu qui se trouve dans une pièce moyennement éclairée garde généralement les yeux ouverts, mais non grands ouverts, et ses pupilles sont de taille moyenne, ni très dilatées ni très rétrécies. S'il est content mais qu'il a légèrement sommeil, ses yeux peuvent se fermer partiellement ou complètement.

Il arrive souvent à un chat calme et heureux de cligner des yeux lentement en observant son maître avec bienveillance. Les chats fixent souvent leur maître sans sourciller, ce qui peut être assez déconcertant. En général, votre chat vous fixera pour découvrir ce que vous faites ou ce que vous vous apprêtez à faire. Les chats ne semblent pas remarquer ni même se soucier qu'on les regarde fixement, contrairement à certains chiens agressifs qui interprètent un regard fixe comme un défi.

Même si les chats voient remarquablement bien dans la pénombre, leurs yeux mettent parfois un certain temps à s'y accommoder. Si vous traversez une pièce pour vous approcher de votre chat, il peut s'arrêter et vous fixer de manière bizarre, comme s'il avait vu un fantôme. Il vous regarde ainsi simplement parce que ses yeux ont besoin d'un moment pour s'accommoder, de sorte qu'il ne vous reconnaît pas immédiatement. Il se concentre sur votre silhouette et attend que vous bougiez pour que votre image se précise. Les chats siamois plus particulièrement font souvent un geste qui leur donne l'air de regarder à travers des lunettes à double foyer. Ils lèvent la tête, regardent du fond des yeux et semblent ajuster leur ligne de vision.

Un chat qui se sent un peu contrarié peut rétrécir ses yeux légèrement. Cependant, sachez que ses pupilles et ses yeux rétrécis, ses oreilles baissées et ses moustaches collées aux joues, sont des signes qu'il est très en colère. Prenez garde !

Chat contrarié.

Des yeux très grands ouverts et des pupilles dilatées peuvent avoir différentes significations. Ils peuvent simplement indiquer que le chat essaie de voir tout ce qu'il peut aussi rapidement que possible dans un endroit nouveau ou peu familier. Si votre chat se trouve dans un environnement qui lui est inconnu, par exemple dans le bureau d'un vétérinaire ou dans votre maison lorsque vous venez tout juste de l'adopter, il peut tenter d'assimiler tout ce qu'il voit le plus rapidement possible. Les pupilles d'un chat se dilatent aussi lorsqu'il se sent menacé et qu'il est sur le point de réagir. Autrement dit, ce signal peut être un avertissement vous indiquant qu'il s'apprête à attaquer, dans un réflexe d'autodéfense ou sous le coup de la colère.

Les contacts visuels

L'une des nombreuses façons de créer des liens avec un chat consiste à privilégier les contacts visuels avec lui. Lorsque votre chat vous fixe droit dans les yeux, fixez-le à votre tour avec intérêt et affection. Il est peut-être difficile de l'affirmer, mais il me semble évident que les contacts visuels de cette nature sont très efficaces pour rassurer un chat et lui laisser savoir qu'on l'aime et qu'on le comprend, au moins un peu, quand il essaie de communiquer.

Ce que dit la gueule

La gueule d'un chat est très expressive, et ce n'est pas lié uniquement à ses mouvements lors des vocalisations, dont je parlerai plus loin dans ce chapitre. Le fameux chat d'*Alice au pays des merveilles* n'est pas le seul chat qui sourit. On dirait souvent que les chats domestiques sourient lorsqu'ils sont contents, lorsqu'ils regardent leur maître ou lorsqu'ils ronronnent ; en effet, ils relèvent les coins de la gueule, ce qui leur donne un faciès heureux.

Lorsqu'un chat a les lèvres tirées vers l'arrière et la gueule légèrement ouverte, il est généralement en train de réagir à certaines odeurs. Naturellement, vous comprendrez sans difficulté que votre chat est très en colère s'il a la gueule ouverte et montre les dents.

Le langage corporel

Avec les expressions faciales, le langage corporel d'un chat est très révélateur de son humeur et de ses sentiments. La manière dont votre chat se tient ou s'assied devrait vous permettre de déterminer s'il est détendu et calme, s'il a peur ou s'il est en colère.

Lorsqu'un chat vous fait fête, il courbe le dos et se frotte contre vous (il agit de même pour accueillir chaleureusement un chien ou un chat au comportement amical). Sa queue est pointée droit dans les airs à moins qu'il ne vous donne de petits coups de tête en enroulant sa queue autour de vos jambes. C'est là un signe d'affection, mais cela signifie aussi que votre chat vous marque comme sa propriété à l'aide de ses glandes odoriférantes situées dans ses joues et au bout de sa queue.

Il arrive qu'un chat se roule sur le sol devant son maître, comme s'il voulait se faire caresser la bedaine. Certains chats adorent qu'on leur caresse l'abdomen. D'autres n'aiment pas du tout qu'on les touche à cet endroit, malgré l'invitation qu'ils semblent lancer, et sortent leurs griffes sitôt qu'on tente de leur caresser le ventre. Si cela vous arrive, évitez de réagir instinctivement en retirant la main brusquement, car vous risqueriez de vous faire griffer. Laissez votre main près du corps de votre chat, puis retirez-la doucement vers le côté. Vous saurez rapidement si votre chat n'aime pas ce genre de câlinerie et vous pourrez mettre vos visiteurs en garde.

Un chat affectueux en quête d'attention ou de quelques caresses utilisera souvent une de ses pattes de devant pour vous toucher. En revanche, un chat contrarié désirant que vous cessiez de faire une chose pourra vous donner un coup de patte comme pour vous dire : « Laisse-moi tranquille ! »

D'ordinaire, les chats n'entretiennent pas de bons rapports sociaux avec leurs semblables, mais il arrive que des chats vivant dans la même maison deviennent de très proches compagnons. La première fois qu'un chat amical rencontre un autre chat sur son territoire, il l'accueille selon un rituel particulier. La queue droit dans les airs, il frotte sa joue contre le corps et la tête de l'autre chat pour échanger des odeurs. Il peut ensuite lui lécher la face. Il est fréquent que des chats vivant dans le même foyer s'adonnent à ce rituel au moins une fois par jour. Ils le font pour se rassurer et pour établir la relation dominant-dominé (l'animal qui lèche est soumis à celui qui se fait lécher). Lorsque deux chats vivent ensemble, on observe quelquefois une inversion des rôles. Par exemple, quand le chat dominant arrive à un grand âge ou tombe malade, l'autre chat s'approprie parfois son rôle.

Le langage corporel des chats

	CORPS	OREILLES	YEUX	GUEULE	QUEUE	VOCALISA-TIONS	MOUS-TACHES
AFFECTION	Détendu, le dos légèrement arrondi; se frotte et pavoise; se lève sur la pointe des pattes	Pointées vers l'avant	Ouverts	Fermée	Détendue, pointant vers le haut ou baissée	Murmure, ronronnement, gazouillis	Allongées latéralement
AGRESSIVITÉ	Tête baissée	Tournées vers l'arrière	Rétrécis, semblables à des fentes	Lèvres tirées vers l'arrière	Baissée; mouvement de va-et-vient	Sifflement, cri aigu, gémissement, grognement	Tirées vers l'arrière, collées contre les joues
COLÈRE/ CONTRARIÉTÉ	Corps droit	Aplaties vers l'arrière	Rétrécis, pupilles dilatées	Lèvres tirées vers l'arrière	Mouvement de va-et-vient	Grognement sourd	Tirées vers l'arrière, collées contre les joues
DÉFENSE	Accroupi	Penchées vers l'arrière	Ouverts	Légèrement ouverte	Mouvement de va-et-vient	Bave, sifflement	Tirées vers l'arrière, collées contre les joues
EXCITATION	Tendu, bien droit	Bien droites	Grands ouverts	Légèrement ouverte	Mouvement saccadé	Jacassement ou gémissement doux	Allongées latéralement
PEUR	Dos arrondi, poil hérissé; ou accroupi	Tirées vers l'arrière; Aplaties vers l'arrière	Grands ouverts; Rétrécis, semblables à des fentes	Normale; Normale; bave	Gonflée; Baissée, entre les pattes	Sifflement, grognement; Bave	Étendues vers l'avant; Collées contre les joues
ESPIÈGLERIE	Peut se pencher, étendre la patte; peut essayer de vous tirer; peut se mettre sur le bout des pattes	Bien droites	Grands ouverts	Normale	Peut remuer	Miaulements doux, gazouillis, murmure	Allongées latéralement

Les chats qui vivent dans la même maison deviennent souvent très liés et s'adonnent à des toilettes mutuelles.

Ce que dit la posture

Il est facile de constater qu'un chat est parfaitement calme. Son dos est droit, et ses pattes sont bien à plat sur le plancher.

S'il est vraiment ravi de vous voir, il pourrait arrondir le dos et se lever sur le bout des pattes. En même temps, il pourrait vous donner de légers coups de tête; se frotter contre vos jambes, vos mains ou toute autre partie de votre corps qui lui est accessible; gazouiller ou murmurer.

Lorsqu'un chat a vraiment peur, il peut arrondir exagérément le dos, comme les chats noirs de l'Halloween; il peut aussi s'accroupir le plus près possible du sol. Ce sont là deux réactions à la peur distinctes et différentes.

Un chat agressif aura le dos baissé et légèrement courbé.

Un chat nerveux ou prudent.

Ce que dit la queue

Normalement, la queue d'un chat est détendue, légèrement courbée au bout ; elle pend vers le bas ou pointe droit dans les airs. Lorsqu'une chose l'excite ou éveille son intérêt, le chat peut se mettre à remuer légèrement la queue. Cependant, il peut aussi l'agiter s'il est contrarié.

Un chat agressif, contrarié ou en colère se tient la queue baissée, proche du corps et parfois légèrement recourbée à l'extrémité. Sa queue fait un brusque mouvement latéral de va-et-vient. C'est là un signal d'avertissement très clair.

La posture normale d'un chat détendu.

Quand un chat a peur, sa queue est baissée, mais elle peut en outre être gonflée comme celle des chats noirs de l'Halloween. Un chat effrayé peut aussi rabattre sa queue au poil dressé entre ses pattes.

Un chat très heureux peut remuer la queue latéralement d'une manière qui diffère totalement du brusque mouvement de va-et-vient de la queue d'un chat en colère ou contrarié.

Ce que dit la fourrure

Un chat détendu et en bonne santé a une robe lisse et bien entretenue. Si la fourrure de votre chat devient soudainement terne et emmêlée, voyez-y un signe qu'il néglige sa toilette et ne se sent pas bien; consultez un vétérinaire dans les plus brefs délais! Le poil d'un chat qui a peur peut se hérisser sur tout son corps; c'est là une caractéristique du chat nommée horripilation.

Toute forme de stress provoque chez un chat une chute de poils excessive. Certains chats se mettent à perdre beaucoup de poils au moindre changement dans leur environnement. Presque tous les maîtres savent à quoi s'attendre lorsqu'ils ouvrent la cage de transport de leur chat chez le vétérinaire: un nuage de poils. Il n'y a rien à faire contre ce phénomène. Il se produit même si le chat a bien fait sa toilette et même si vous l'avez bien brossé.

Les vocalisations

En général, les chats ne sont pas aussi bavards que les chiens, à l'exception des siamois, des abyssins et des chats orientaux. Chaque chat a une voix qui lui est propre, tout comme les humains. Le propriétaire de plusieurs chats reconnaîtra toujours celui qui est en train de lui parler.

Le volume normal de la voix d'un chat varie énormément. Certains chats à poil long sont presque ou complètement aphones (ils n'émettent que de faibles miaulements). Il faut souvent les regarder et voir leur gueule bouger pour savoir qu'ils émettent un son quelconque. D'autres chats, notamment les siamois, les abyssins et les chats orientaux, ont une voix étonnamment forte et stridente. La voix de la plupart des chats se situe entre ces deux extrêmes.

Le langage des chats	
MIAULEMENT	Un chat peut miauler (en étirant le son pour émettre un appel prolongé) s'il est perdu ou confus, s'il a un pressant besoin d'attention ou s'il a très faim.
GRINCEMENT DES DENTS	Un chat grince des dents et bouge les joues de haut en bas très rapidement lorsqu'il voit une proie qu'il ne peut atteindre, à travers une fenêtre fermée par exemple.
GROGNEMENT	Un son de colère faible, âpre et allongé.
SIFFLEMENT	Un chat émet un sifflement lorsqu'il est en colère et, en général, lorsqu'il est sur la défensive. Il siffle la gueule légèrement ouverte, en montrant les dents.
MIAOU	C'est là la façon de « parler » d'un chat. Les miaous visent généralement à saluer des personnes amicales ou d'autres animaux. Il s'agit de sons assez longs et étirés qui sonnent comme des « miaou ». Ils peuvent être un peu plaintifs.
GÉMISSEMENT	Un chat émet un faible gémissement prolongé avant de vomir une boule de poils.
MURMURE	Semblable à un ronronnement, mais moins expansif. Un chat émet souvent un murmure pour saluer son maître ou bien pour obtenir de l'attention ou de la nourriture. Un murmure peut aussi être un remerciement. C'est un son doux, bref et bourdonnant.
RONRONNEMENT	Le ronronnement n'est pas vraiment une vocalisation, mais on le perçoit généralement comme tel. Un chat ronronne quand il est en bonne compagnie, et c'est habituellement le son qu'il émet lorsqu'il est heureux et satisfait. Cependant, un chat peut aussi ronronner s'il ne se sent pas bien ou s'il est souffrant. Dans ces deux cas, c'est un signe de soumission (un appel à l'aide).
CRACHER	Un chat crache généralement juste avant ou après un sifflement. Il s'agit d'un signe de colère ou de contrariété. C'est un son explosif (souvent humide).
HURLEMENT	Un chat hurle lorsqu'il se bat ou qu'il éprouve de grandes douleurs.

Les chats ne sont pas tous également bavards. Certains chats, encore les siamois, les abyssins et les chats orientaux plus particulièrement, parlent tout le temps, même s'il ne semble pas y avoir grand-chose à commenter. Ces chats demandent de l'attention à toute heure du jour et de la nuit. En fait, il n'est pas rare qu'un chat très loquace se plante au milieu d'une pièce, ouvre la gueule et se mette à crier. C'est là une expérience très déconcertante pour le propriétaire inexpérimenté ou le nouveau propriétaire d'un chat très exigeant. En général, ce dernier ne cherche pas à signaler un problème quelconque à son maître, mais plutôt à lui dire qu'il s'ennuie et veut de l'attention *sur-le-champ.*

La plupart des chats parlent doucement pour accueillir leur maître. Ils parlent aussi lorsqu'ils se sentent d'humeur à faire un câlin, qu'ils sont contents ou qu'ils ont faim. Les chats silencieux n'émettent pratiquement pas de sons, sauf quand ils veulent *vraiment* quelque chose. En fait, même les chats les plus silencieux émettent des sons quand ils ont besoin d'aide. Par exemple, un chat enfermé dans un placard ou une armoire et voulant en sortir lancera des appels à l'aide. S'il a la voix très faible, ses appels ne seront peut-être pas entendus.

Il n'est pas difficile, même pour les propriétaires les plus inexpérimentés, de distinguer une vocalisation exprimant le contentement d'une vocalisation exprimant la colère ou la peur.

Le bavardage exprimant le contentement

Un *miaou* normal, qu'il soit faible ou fort, est nettement une vocalisation à caractère social. Il signifie « bonjour », « me voilà » ou « j'ai faim ». C'est toujours un son légèrement étiré. Les chats ne peuvent émettre le son « m », de sorte que ce que nous appelons un miaou sonne habituellement comme « iii-aou ». Même s'il a souvent une note plaintive, un miaou n'est pas un son malheureux.

Le *ronronnement* est très facile à reconnaître. C'est aussi un son à caractère social, qui n'est produit qu'en présence de personnes ou d'animaux. Il est associé à la satisfaction, mais il peut aussi être un signe de soumission, ou encore de régression puisque les chatons allaités ronronnent très bruyamment pendant qu'ils tètent pour boire du lait. Un ronronnement est un son doux, rythmique et bourdonnant que les chats émettent la gueule fermée. Le son semble venir de la gorge. Il existe diverses théories au sujet de l'origine du ronronnement : on dit qu'il peut être attribuable aux contractions du larynx et du diaphragme ou qu'il peut résulter des vibrations des vaisseaux sanguins dans la poitrine du chat.

Une chatte en chaleur peut ronronner très bruyamment pour appeler un matou. Cependant, un chat peut aussi ronronner lorsqu'il est anxieux, blessé ou souffrant.

Les chats émettent souvent un *murmure* semblable à un ronronnement, qu'ils produisent aussi la gueule fermée. Le murmure n'est pas aussi rythmique ou aussi prolongé que le ronronnement. Il s'agit d'un son heureux qui sert à saluer, à témoigner de la reconnaissance ou peut-être à réclamer de la nourriture.

Un *gazouillis* est un son très bref qui ressemble au cri d'un oiseau. C'est un son qu'une chatte utilise pour encourager, saluer ou appeler ses petits. Un chat peut l'émettre à l'intention de son maître pour les mêmes raisons.

Un chat en colère.

Le bavardage exprimant la colère

Le *grognement* d'un chat est semblable à celui de tout autre animal. C'est un son faible, prolongé et âpre qu'il est difficile de *confondre* avec tout autre son.

Un chat en colère ou sur la défensive peut également émettre une espèce de *sifflement* la gueule légèrement ouverte et les dents apparentes. Le sifflement est lui aussi très facile à reconnaître et sonne comme un « ssssssssss » prolongé. En général, un chat émet un sifflement à l'intention d'animaux – y compris des chats – qu'il n'aime pas ou dont il a peur. Lorsqu'un chat est effrayé ou vraiment en colère, le sifflement peut être dirigé contre une personne.

Cracher va au-delà du sifflement et est un signe supplémentaire de colère ou de contrariété extrême. Un chat crache de manière explosive, ce qui libère de la salive.

Lorsque des chats se battent vraiment, il arrive souvent qu'ils hurlent. Un chat hurlera aussi s'il éprouve une vive douleur.

Autre bavardage

Si un chat émet des *miaulements,* c'est généralement parce qu'il est égaré ou perplexe et a un urgent besoin d'aide ou d'attention. Il peut être véritablement perdu ou se trouver simplement dans un environnement non familier et ressentir le besoin de communiquer avec son maître sur-le-champ. Il arrive qu'un chat miaule très fort lorsqu'il a très faim. Un miaulement est un son bruyant, qui s'amplifie et se prolonge.

Il est fréquent qu'un chat assis à l'intérieur près d'une fenêtre fermée *grince des dents* et émette un faible gémissement d'excitation ou de frustration s'il voit un oiseau ou un écureuil juste derrière les vitres. Parfois, il ne grince pas vraiment des dents, mais il bouge les joues de haut en bas en émettant un gémissement sourd.

Lorsqu'un chat est sur le point de vomir une boule de poils, il émet un faible *gémissement* prolongé.

Comment pouvez-vous communiquer avec votre chat (dans le langage des chats) ?

Maintenant que vous commencez à comprendre ce que votre chat essaie de vous dire par ses expressions faciales, son langage corporel et ses vocalisations, comment pouvez-vous communiquer avec lui ?

Comme je vous l'ai déjà dit, les chats ont les sens extrêmement aiguisés. La meilleure façon de communiquer avec votre chat consiste donc à exploiter ses sens très spéciaux.

Le toucher

Les caresses et les massages constituent de merveilleuses façons de manifester votre affection à votre chat. Chacun de ces moyens d'expression est enrichissant pour vous et pour votre animal. Caresser un chat consiste à lui passer la main à maintes reprises sur une partie du corps. Certains chats aiment se faire flatter « vigoureusement », tandis que d'autres préfèrent les caresses plus douces. Vous ne mettrez pas beaucoup de temps à connaître les préférences de votre chat.

On peut aussi flatter un chat en faisant des gestes plus longs, par exemple en le flattant du haut de la tête jusqu'au bout de la queue.

Le massage proprement dit comprend différents gestes précis et tient compte de l'ossature et de la musculature de l'animal. Vous pouvez masser n'importe quelle partie du corps de votre chat avec vos mains et vos bras. Il existe des livres et des vidéocassettes qui donnent des directives détaillées sur la façon de masser un chat.

La plupart des chats aiment particulièrement se faire caresser la tête, y compris les joues, l'arrière des oreilles, le dessous du menton, le cou et le dessus du museau. Ils aiment aussi qu'on les flatte le long de la colonne vertébrale. Bon nombre de chats n'aiment pas se faire toucher les pattes, le bout des pattes et la base de la queue (plus particulièrement les mâles). Enfin, gardez à l'esprit que certains chats ont vraiment *horreur* qu'on leur touche la bedaine.

L'ouïe

Comme les chats ont l'ouïe très fine, ils détectent facilement les variations dans le ton de la voix. Si vous voulez exprimer de l'affection à votre chat, parlez-lui d'une voix douce et enjôleuse et il réagira immédiatement. Naturellement, si vous êtes fâché contre lui et voulez qu'il cesse de faire quelque chose, une réprimande sur un ton brusque aura généralement l'effet désiré.

Les chats réagissent aussi de manière positive à une conversation normale. Si votre chat vous aime beaucoup, il sera très heureux que vous lui parliez régulièrement en vous adonnant à vos activités quotidiennes: « Je monte à l'étage, Minne », « Je pense que je vais m'asseoir pour lire un peu », etc. Plus vous parlerez à votre chat sur le ton de la conversation, plus il s'habituera à votre voix et plus il s'attachera à vous. Et plus il sera attentif à vos humeurs et à vos désirs.

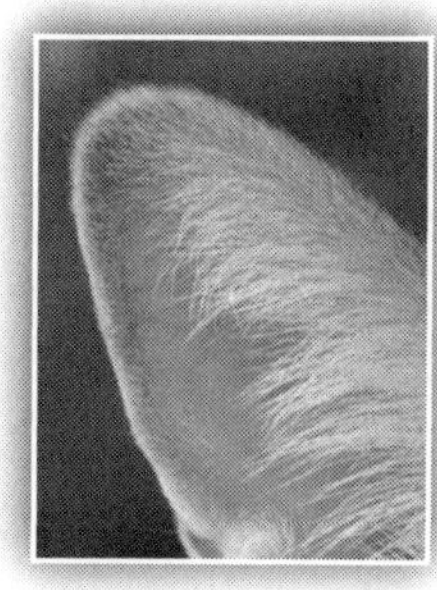

Chapitre 8

Comment devenir le chat dominant

Pour devenir le chat dominant de la maison, vous devez comprendre le langage corporel et les expressions vocales de votre chat, en l'observant et en vous reportant aux chapitres précédents dans lesquels j'ai décrit les comportements et les facultés de base des chats. Autrement dit, vous devez être capable d'interpréter les signaux que vous donne votre chat. Dès que vous parviendrez à communiquer avec lui, vous serez prêt à lui apprendre à faire ce que vous voulez.

Premièrement, établissez avec votre chat un rapport qui démontre clairement que vous êtes son seul et unique soutien. Pour ce faire, fournissez-lui un foyer agréable, des repas réguliers et de l'eau fraîche. Caressez-le, massez-le et brossez-le régulièrement pour qu'il se sente bien et en confiance avec vous. Jouez avec lui et parlez-lui pour qu'il s'habitue à votre voix et s'attache davantage à vous. Donnez-lui des jouets et des « meubles » stimulants, comme un arbre à griffer solide pour faire de l'exercice et se désennuyer. Et surtout, prévoyez un endroit tranquille où il pourra faire ses besoins discrètement (gardez sa litière propre et toujours accessible). Lorsque vous aurez fait tout cela, votre chat se rendra vite compte qu'il a besoin de vous, de votre affection et de votre approbation pour vivre confortablement et se sentir heureux et bien traité. En retour, il cherchera à vous faire plaisir.

Établissez une routine

En général, les chats sont des bêtes qui ont leurs habitudes, moins que les chiens cependant. Et il leur arrive de les modifier pour des raisons qui nous échappent ; par exemple, ils changeront d'endroit pour faire la sieste. Comme tout animal, un chat aime savoir à quels moments de la journée il recevra à manger. Il réagit toujours à peu près de la même façon au brossage, aux caresses, aux massages et aux jeux. Cela ne veut pas dire que vous devriez vous plier à un horaire très strict. Mais si votre chat est habitué à être nourri à 18 h, il ne sera pas content que vous le fassiez patienter jusqu'à 22 h (ni d'être tenaillé par la faim !). Établissez votre propre horaire. Si vous êtes toujours absent pendant le jour, jouez avec votre chat et donnez-lui de l'attention le soir. Si vous êtes à la maison pendant la journée, brossez-le ou jouez avec lui après le petit-déjeuner ou le déjeuner. Le moment que vous choisissez pour vous occuper de votre chat importe peu, pourvu que vous fassiez à peu près toujours la même chose plus ou moins à la même heure, afin qu'il sache à quoi s'attendre et quand s'y attendre.

Il y a une importante différence entre les chiens et les chats. Les chats ne sont pas des animaux grégaires habitués à être entourés d'une famille aimante. Ce sont des animaux solitaires qui ne souffrent habituellement pas d'angoisse de la séparation. Même si leur maître leur manque, s'ils s'ennuient de ses jeux et de ses caresses, et s'ils l'accueillent affectueusement quand il rentre, les chats ne souffrent pas de détresse et n'ont pas de comportements inacceptables pendant les absences de leur maître. Ils passent la plupart du temps à dormir. (Il y a toujours des exceptions, bien sûr. Un chat très indépendant ou très sociable peut réagir de manière inacceptable si on le laisse seul trop longtemps. Certains chats réagissent mal même si une autre personne va les nourrir une ou deux fois par jour.)

L'une des heures les plus importantes à fixer, très tôt, est l'heure du coucher : la vôtre. Comme les chats sont des animaux nocturnes qui dorment presque toute la journée, ils ont envie de jouer durant la nuit. Vous n'apprécierez pas de vous faire réveiller au milieu de la nuit par un chat qui vous frôle le visage ou qui pousse un miaulement strident pour vous inviter à jouer avec lui. Vous n'aimerez pas non plus qu'il se promène sur vos commodes en faisant tomber tout ce qui se trouve dessus. Ce sera le réveil garanti dès que votre trousseau de clés, votre monnaie ou quelque autre objet s'écrasera sur le sol.

Par conséquent, vous devez immédiatement faire comprendre au chat, surtout s'il s'agit d'un chaton, que ce comportement est inacceptable. Donnez-lui beaucoup d'attention avant d'aller au lit et assurez-vous qu'il a quelque chose à manger (ou laissez des aliments secs qu'il pourra grignoter pendant la nuit), *et* ignorez complètement toutes ses avances nocturnes. Habituellement, un chat comprendra assez rapidement que la nuit est faite pour dormir et non pour jouer. Si les activités nocturnes de votre chat vous donnent des cauchemars, reportez-vous au chapitre 9, où vous trouverez des trucs pour corriger ces mauvaises habitudes.

Soyez le maître

Il est possible que vous souhaitiez modifier chez votre chat des comportements autres que son habitude de vous déranger la nuit. Si vous savez lire les signaux qu'il vous envoie et anticiper les problèmes grâce à ces connaissances, vous réussirez peut-être à corriger certains comportements avant qu'ils ne deviennent vraiment problématiques.

Par exemple, tous les chats aiment sauter et grimper. Si vous surprenez votre chat tendu, prêt à sauter sur une étagère de bibelots fragiles, agissez rapidement avant qu'il n'ait le temps de sauter. Frappez immédiatement dans vos mains en criant « NON » ou arrosez-le. Si vous réagissez avec fermeté, il ne pensera même pas à sauter à cet endroit une autre fois.

Si vous voulez empêcher votre chat de monter sur les comptoirs de cuisine ou sur certains meubles, la même méthode vous aidera à éliminer le problème avant qu'il ne devienne habituel. Évidemment, si vous vous absentez pendant de longues périodes au cours de la journée ou la soirée, vous devrez recouvrir vos meubles ou empêcher le chat d'aller dans certaines pièces tant qu'il ne sera pas parfaitement dressé ou conditionné. Les chats sont réputés pour leur curiosité ; quand ils sont seuls, ils ne manquent jamais une occasion d'explorer les endroits défendus.

La même solution est efficace pour décourager un chat de faire ses griffes sur les meubles. Essayez d'attraper votre chat *avant* qu'il n'ait le temps de mettre une patte sur le velours de votre canapé, pendant qu'il s'apprête à le faire. Frappez dans vos mains et criez « NON », puis placez-lui les pattes sur son arbre à griffer. Ne ménagez pas vos compliments s'il se met à le gratter. Lorsque vous apprenez à lire le langage corporel de votre chat et savez anticiper ses mouvements, vous pouvez corriger certains de ses comportements inacceptables avant qu'ils ne deviennent un véritable problème.

Un chat réagit parfois en manifestant de l'impatience et de l'agressivité, ce qui est un comportement d'autodéfense naturel mais tout à fait inacceptable. Dans un tel cas, son langage corporel est habituellement clair et facile à comprendre. Si votre chat aplatit soudainement les oreilles et émet un grognement sourd pendant que vous le brossez ou le caressez, cela signifie clairement qu'il n'aime pas ce que vous lui faites et que vous feriez mieux d'arrêter. Si vous cessez immédiatement, vous éviterez de vous faire griffer ou de vous faire mordre. Si vous ignorez ses signaux d'avertissement, peut-être le regretterez-vous ! De plus, en ne réagissant pas à ses signaux, vous laisserez l'impression d'une hostilité se développer de part et d'autre. Si vous laissez votre chat avoir des réactions de colère (et si vous l'y encouragez), vous minerez votre autorité et votre sentiment de confiance mutuelle. Dès que votre chat lève la patte sur vous, tapez dans vos mains et criez « NON ». Ne le frappez pas, car cela ne fera qu'exacerber sa colère ; donnez-lui plutôt une petite tape ou une pichenette sur le bout de la truffe. C'est une mesure disciplinaire que la maman chat utilise avec sa patte lorsqu'un chaton est turbulent, et cela donne d'excellents résultats.

Le dressage élémentaire d'un chat

Oui, on peut *dresser* un chat. Une fois que vous aurez établi de bons rapports avec votre chat et que vous lui aurez enseigné à respecter la plupart des consignes de la maison, peut-être aurez-vous envie d'aller un peu plus loin. Si vous voulez vraiment devenir le chat dominant et asseoir votre autorité de telle sorte que votre chat vous écoute et réagisse, vous devez lui apprendre à se soumettre à certains commandements, simples ou plus compliqués, selon l'énergie que vous souhaitez consacrer à cet apprentissage.

Bien entendu, tout comme pour pouvoir établir une routine quotidienne et devenir le maître, vous devez développer de bons rapports avec votre chat pour pouvoir le dresser. Vous devez apprendre à communiquer avec lui et à comprendre ce qu'il vous dit. Vous pourrez alors avoir de l'autorité sur lui, le dresser et comprendre ses éventuels troubles du comportement.

Ainsi que je l'ai déjà mentionné, on apprend aux chiens à obéir aux ordres, tandis qu'on demande aux chats de bien vouloir faire quelque chose. Comme une chatte qui apprend à ses chatons à chasser en leur faisant une démonstration pratique (rapporter une souris), et crée de cette façon un environnement propice à l'apprentissage, je me sers des instincts naturels des chats pour les dresser.

Le dressage de votre chat doit rester très simple. Apprenez-lui à faire une chose à la fois en utilisant des moyens de renforcement et demandez-lui de la refaire chaque fois que vous ajoutez un élément nouveau. Faites du dressage une activité amusante et relaxante. Gardez les séances courtes et mettez-y fin aussitôt que l'attention de votre chat se met à vagabonder (habituellement au bout de trois à cinq minutes). Si cela vous est possible, répétez la leçon deux ou trois fois par jour.

Pour le dressage d'un chat, je ne saurais trop insister sur la patience, la persévérance et les encouragements. Ces trois « règles d'or » sont particulièrement importantes avec les chats, car ils ne peuvent rester attentifs que pendant de courts moments et ont très peu de patience. Si vous voulez dresser votre chat, vous devrez vous-même faire preuve de beaucoup de patience, mais l'expérience visant à ce que vous deveniez le chat dominant et à apprendre à votre chat à obéir à vos ordres sera sans doute très gratifiante. Les chats ne réagissent pas tous de la même façon au dressage. Si vous avez appris à comprendre le langage de votre compagnon, vous aurez plus de facilité à travailler avec lui en fonction de son niveau.

N'oubliez pas que toute cette entreprise doit vous procurer, à vous et à votre chat, des moments agréables et relaxants. Votre chat doit apprendre à apprécier ses séances de dressage et, s'il y parvient, vous aurez contribué à rendre votre animal de compagnie plus réceptif et plus agréable.

À la fin de chaque séance de dressage, mettez votre chat dans sa cage, transportez-le dans une autre pièce, ouvrez la cage, félicitez-le, et donnez-lui une friandise et une caresse. Faites-le régulièrement, et votre chat verra bientôt sa cage comme un refuge, un endroit calme et sûr où se reposer en toute tranquillité. De ce fait, il finira par y aller de lui-même sur un simple commandement, comme « Dans la cage ».

Matériel de dressage

Le meilleur endroit pour dresser un chat est une table à hauteur de la taille présentant une surface antidérapante ou couverte d'un tapis caoutchouté, ce qui empêchera le chat de glisser. Les professionnels utilisent souvent des tables spéciales recouvertes de tapis. Ne couvrez pas la table d'une simple serviette ; elle glisserait et le chat ne se sentirait pas en sécurité. Ce point est très important si vous voulez dresser sérieusement votre chat. La table doit être placée dans un coin, où elle sera appuyée contre deux murs, tant pour la sécurité du chat que pour l'empêcher de fuir. Si cela est possible, n'utilisez pas la table où vous brossez votre chat comme table de dressage. Celle-ci doit devenir un lieu réservé uniquement aux leçons. Si vous manquez d'espace pour aménager une table de dressage, la table ou le comptoir de cuisine recouverts d'un tapis antidérapant peuvent faire l'affaire.

Pendant les leçons, vous devez vous tenir à environ 30 cm du bord de la table ou du comptoir (c'est la raison pour laquelle je recommande un long bâton ou un goujon pour offrir les récompenses).

Vous devez aussi avoir un jouet pour aider le chat à se concentrer. Un bâton avec un « oiseau » en plumes sur un long fil est particulièrement utile. Attention ! Ne laissez jamais traîner ce jouet quand vous vous absentez pour éviter que le chat ne s'empêtre dans la ficelle.

Vous aurez besoin d'un bâton ou d'un goujon de 60 cm pour donner les friandises au chat – une cuillère ou une spatule de bois fera très bien l'affaire.

Gardez la cage tout près de la table. Apprendre à votre chat à aller dans la cage à votre commandement fait partie du dressage élémentaire.

Vous aurez aussi besoin soit d'une bride en tissu ou en cuir doux, soit d'un collier et d'une laisse. N'utilisez *jamais* un collier ou une bride en métal pour un chat.

Encouragements

Lorsque vous dressez votre chat, votre voix est le meilleur encouragement. Vous devez absolument le complimenter et l'encourager pendant toute la séance de dressage. Vous pouvez aussi produire divers bruits avec la bouche pour aider votre chat à rester concentré sur vous.

Vous pouvez utiliser une friandise comme moyen de renforcement des ordres. En général, c'est efficace. Si votre chat obéit à un commandement verbal, vous pouvez, en plus des encouragements, lui donner une friandise pour récompense. Mais prenez soin de ne pas exagérer, surtout si votre chat est gourmand, sinon il ne tardera pas à devenir obèse.

Les caresses et les massages constituent de merveilleux encouragements pour les chats. Très peu de félins réagissent mal à de douces caresses.

Matériel de dressage et encouragements

Matériel:

- une table à hauteur de la taille et recouverte d'un tapis antidérapant; la table doit être placée de préférence dans un coin pour ne laisser que deux côtés ouverts, ce qui permet de mieux maîtriser la situation;
- un bâton avec des plumes ou un objet léger pendant au bout d'une ficelle pour attirer l'attention du chat;
- un bâton de 60 à 90 cm de longueur avec une cuillère ou un creux à une extrémité pour donner des friandises;
- une cage solide;
- un harnais ou un collier doux et une laisse.

Encouragements:

- le son de la voix, les mots, les compliments, les bruits de bouche, les bisous, etc., pour retenir l'attention du chat;
- les récompenses gestuelles: caresses, massages, etc.;
- les friandises.

Apprendre à un chat à répondre à son nom

La première étape du dressage d'un chat consiste à lui apprendre à reconnaître son nom et à y réagir. Utilisez toujours le nom de votre chat lorsque vous lui parlez. Par exemple: « Voilà ton dîner, Mistigri », « Viens brosser, Mistigri ». Lorsqu'il entre dans une pièce, dites-lui: « Bonjour Mistigri », et ainsi de suite. Il réagira au son de son nom et à la façon dont vous le direz. Utilisez-le uniquement dans un contexte amical et affectueux. Évitez de prononcer son nom quand vous le grondez, sinon il y associera un sentiment négatif.

Pour apprendre à un chat à reconnaître son nom, il faut d'abord l'appeler par son nom. Vous devrez peut-être avoir recours à des bruits de bouche encourageants pour le faire venir, surtout s'il s'agit d'un jeune chaton. Agitez une boîte de friandises ou ouvrez une boîte d'aliments et appelez-le. Cela pourrait être suffisant. Lorsqu'il réagit, complimentez-le, caressez-le et donnez-lui une friandise. Prononcez son nom de nouveau dans un contexte positif: «Bon Mistigri.» Quand il vient, transformez votre rencontre en manifestation d'affection. Massez-le un peu, couvrez-le de compliments extravagants et donnez-lui une friandise pour qu'il associe son nom à une expérience positive.

Apprendre à un chat à venir quand on l'appelle.

Lorsque votre chat aura répondu plusieurs fois à son nom, essayez de l'appeler d'une autre pièce. S'il vient, faites-en tout un plat pour qu'il commence à associer ce comportement à une expérience *très* positive.

Lors de cette première étape du dressage, vous pouvez également apprendre à votre chat à aller dans sa cage. Dès qu'il répond régulièrement à son nom, mettez-le dans sa cage chaque fois qu'il vient en réponse à votre appel. Transportez-le dans une autre pièce, complimentez-le et donnez-lui une friandise. Cette séquence fait partie du *dressage de base* pour habituer votre chat à accepter les déplacements dans sa cage. Il finira par ne plus les craindre et par entrer de lui-même dans sa cage à votre commandement. Comme il devra être transporté dans sa cage de nombreuses fois dans sa vie, il est vraiment important que votre chat y voit une expérience positive et non une punition à éviter à tout prix. Si sa cage ne servait qu'à l'emmener chez le vétérinaire pour recevoir des vaccins, on ne pourrait le blâmer de s'enfuir dès qu'il la voit!

Apprendre à un chat à s'asseoir sur commande

Pour lui apprendre à s'asseoir sur commande, mettez votre chat sur la table, placez doucement une main sur son dos et caressez-lui la colonne vertébrale de la tête à la queue. Appuyez légèrement sur la croupe en disant: « Assis. » Vous pouvez au besoin appliquer une pression un peu plus forte afin de l'obliger à s'asseoir. Une fois qu'il est en position assise, complimentez-le, « Belle Pixie », récompensez-le et laissez-le partir. Répétez cette séquence plusieurs fois jusqu'à ce que votre chat réagisse à votre commandement et reste assis pendant que vous vous éloignez de la table.

S'il ne veut pas coopérer et refuse de s'asseoir, appuyez sur son dos et laissez la main en place. Complimentez-le, mais ne lui offrez pas de friandise. Ne lui en donnez que lorsqu'il s'assied à votre commandement, sans que vous ayez à insister de la main.

Apprendre à un chat à rester

Apprendre à un chat à rester en place requiert beaucoup de patience, de persévérance et d'encouragements, mais le jeu peut en valoir la chandelle. Quand votre chat saura s'asseoir et « rester », il se comportera parfaitement dans toute situation, même chez le vétérinaire, et vous n'aurez pas à le confiner. Vous pourrez aussi l'empêcher de s'enfuir par une porte ou une fenêtre ouverte. Ainsi, le commandement « Reste » se révèle parfois une mesure de sécurité.

Apprendre à un chat à s'asseoir et à rester.

« Rester » consiste à demeurer assis pendant longtemps. Commencez par la commande « Assis ». Une fois le chat assis, placez une main ouverte, paume tournée vers lui, devant sa face. Dites : « Reste », puis retirez lentement la main et faites une pause de plusieurs secondes. S'il reste assis, complimentez-le et donnez-lui une friandise. S'il se lève, remettez-le immédiatement en position assise et répétez la séquence. Éloignez-vous un peu plus en continuant à répéter : « Reste. » Prolongez l'exercice à chaque répétition et éloignez-vous graduellement de la table, toujours un peu plus loin. Idéalement, vous devriez réussir à faire rester votre chat assis lorsque vous êtes à deux mètres de lui, où qu'il soit.

Apprendre à un chat à se coucher sur commande

Révisez la commande « Assis ». Pour commencer, faites asseoir le chat sur la table. Mettez la main gauche sur ce qui correspond à l'épaule du chat et la main droite derrière ses pattes avant, juste au-dessus des phalanges (vous pouvez intervertir les mains si cela vous convient mieux). Dites : « Couché », et faites glisser les pattes de devant vers l'avant tout en appuyant sur les épaules. Exercez une légère pression et répétez : « Couché » ou « Couche-toi ». Maintenez la position, faites une pause, puis dites : « Belle Gigi », et donnez-lui une friandise.

Pendant que le chat est couché, massez-lui agréablement les épaules. Avec beaucoup de patience, de persévérance et d'encouragements de votre part, votre chat finira par se coucher chaque fois que vous lui toucherez les épaules en disant : « Couché. »

Une fois que votre chat réagit parfaitement à la commande « Couché », vous pouvez y ajouter : « Reste. » Procédez comme auparavant en lui mettant votre paume devant la face lorsqu'il est couché. Éloignez-vous et, s'il reste couché, complimentez-le. Faites-lui refaire cet exercice jusqu'à ce qu'il reste couché.

Une étape plus loin

Une fois que votre chat réagit bien aux commandes « Assis », « Couché » et « Reste » sur la table de dressage, le moment est venu de le faire répéter dans d'autres pièces de la maison. Changez d'environnement pour conditionner votre chat à obéir à vos commandements où qu'il se trouve. S'il ne réagit pas immédiatement dans un nouvel endroit, ramenez-le à la table et répétez la séquence une fois de plus. S'il ne réagit toujours pas, faites-le répéter où que vous vous trouviez, et cultivez la patience !

Apprendre à un chat à marcher en laisse

Ce ne sont pas tous les maîtres qui souhaitent apprendre à leur chat à marcher en laisse. Cependant, si vous avez l'intention de voyager avec votre chat ou de l'emmener à l'occasion dans un nouvel environnement, comme une maison étrangère, vous aurez une meilleure maîtrise de votre animal et il sera davantage en sécurité s'il est en laisse. Cela l'obligera à se concentrer et l'empêchera de s'enfuir et de se mettre « les pieds dans les plats » (même un chat qui a appris à rester assis sur commande peut être incapable de se concentrer et pourra paniquer dans certaines circonstances). La laisse a donc pour effet de modifier positivement son comportement.

Chat portant un harnais et une laisse.

La plupart des chats préfèrent le harnais au collier. Il procure plus de sécurité et de contrôle, et le chat ne peut pas s'en échapper. Les chats qui ne supportent pas le harnais devraient porter un collier. Celui-ci ne doit pas être trop serré, afin de ne pas gêner le chat, mais il doit être suffisamment ajusté pour qu'il ne puisse pas y passer la tête. La morphologie de votre chat déterminera si c'est un collier ou un harnais qui lui convient le mieux. Un harnais ira sans doute bien à un chat au long cou et au corps élancé, comme un abyssin, tandis qu'un chat trapu au cou court ou bien garni, comme un persan, préférera un collier.

Mettez le collier ou le harnais à votre chat et laissez-le marcher librement dans la maison pendant de courtes périodes, jusqu'à ce qu'il s'y habitue. Puis, attachez une laisse au harnais ou au collier et laissez le chat la traîner pendant quelques minutes. Prolongez la séance chaque jour jusqu'à ce qu'il semble à l'aise. Ne le perdez pas de vue pour éviter que la laisse ne s'accroche quelque part et ne l'immobilise, ce qui est traumatisant pour un chat.

Lorsqu'il se promène normalement en traînant la laisse, ramassez-en l'extrémité et suivez le chat dans la maison. Si vous faites cet exercice pendant 5 à 10 minutes tous les jours, votre chat s'y habituera. En marchant avec lui, prenez-le de temps à autre et faites quelques pas en le tenant dans vos bras. Puis, remettez-le par terre. Votre chat finira par y voir un rituel réconfortant et se sentira en sécurité lorsqu'il marchera en laisse avec vous. Vous pouvez vous servir d'un bâton pour tenir une friandise devant lui et l'encourager à marcher avec vous.

Un chat bien dressé à marcher en laisse peut affronter calmement toutes les situations avec son maître et se sentir en sécurité. Il finira par ne plus s'occuper de distractions majeures, comme un chat (étranger) dans la pièce ou des bruits forts, et il restera calme quand des inconnus s'approcheront de lui.

Quelques finesses toutes simples

Une fois que votre chat a appris à marcher en laisse et à réagir aux commandements dont j'ai parlé jusqu'ici, il est prêt à apprendre quelques tours faciles. Je traiterai des tours plus compliqués au chapitre 10, mais j'aimerais dès maintenant vous expliquer comment dresser votre chat à donner la patte, à se tenir debout et à quémander.

Apprendre à un chat à donner la patte

Quand votre chat saura donner la patte, tout le monde s'extasiera. Cette finesse laisse en effet l'impression d'un chat très intelligent, « un vrai chien ». Elle encouragera aussi votre chat à communiquer avec vous. Les chats utilisent beaucoup leurs pattes avant. Par exemple, lorsqu'un chat veut de l'attention ou des caresses, il tire doucement sur la main ou le bras de son maître avec la patte avant. Le tour traité ici découle naturellement de ce geste instinctif.

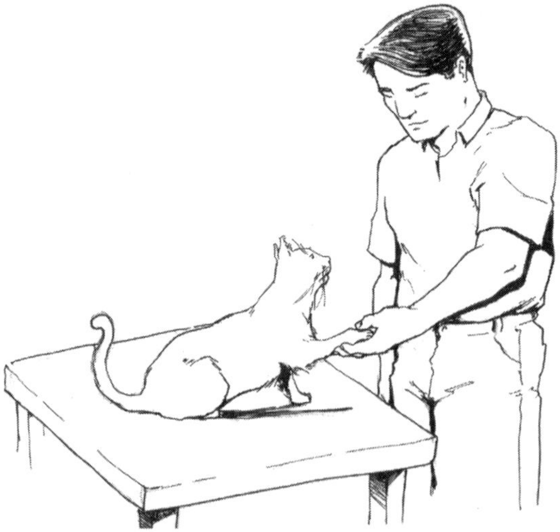

Apprendre à un chat à donner la patte sur commande.

Commencez en faisant asseoir le chat sur la table de dressage. Allongez le bras droit comme pour serrer la main et touchez la patte avant droite du chat derrière l'articulation du coude en disant : « Donne. » Le chat soulèvera immédiatement la patte. Tenez doucement sa patte, complimentez-le et donnez-lui rapidement une friandise. Répétez cet exercice jusqu'à ce que vous n'ayez plus à lui toucher la patte pour qu'il réagisse à votre commandement. Vous l'aurez ainsi conditionné à donner la patte.

Comme pour les autres routines de dressage, une fois que le chat donne la patte sur la table de dressage, exercez-le à le faire dans d'autres pièces pour qu'il apprenne à donner la patte où qu'il se trouve.

Apprendre à un chat à se tenir debout et à quémander

Se tenir debout et quémander sont encore des finesses qu'on associe aux chiens, et un grand nombre de maîtres de chats sont contents de prouver à leurs amis que les chats aussi peuvent le faire.

Faites asseoir le chat devant vous sur la table de dressage. Pour lui apprendre ce tour, il est parfois préférable de tenir le chat en laisse de manière à pouvoir exercer une légère tension pour l'encourager à lever les pattes avant. Tenez-vous à une courte distance et placez une friandise sur un goujon ou un bâton en bois. Tenez le bâton au-dessus de la tête du chat. Celui-ci se concentrera sur le bâton et lèvera la patte pour essayer d'atteindre la friandise. Au moment où il lève la patte, dites : « Debout » ou « Quête », et levez le bâton plus haut au-dessus de sa tête. Le chat tentera alors de l'atteindre avec les deux pattes avant. Après quelques secondes, dites : « Beau Grisou », donnez-lui une friandise et complimentez-le abondamment. Une fois qu'il a réussi cet exercice, faites-le rester en position debout pendant plus longtemps en demeurant toujours de 30 à 60 cm de lui et en le récompensant à la fin.

Apprendre à un chat à se tenir debout.

Une fois que le chat a appris à se tenir debout et à quémander sur la table de dressage, mettez-le sur le sol et répétez l'exercice pour qu'il apprenne à quémander sur commande où qu'il se trouve.

Que cela reste toujours un jeu

Quel que soit le type de dressage, il doit vous laisser, à vous et à votre chat, un sentiment positif.

Complimentez toujours votre chat abondamment et soyez affectueux à son égard après chaque séance de dressage, même s'il n'a pas vraiment réussi l'exercice. Mais ne lui donnez pas de friandises s'il n'a pas réagi à votre commandement de manière appropriée. N'oubliez pas: patience, persévérance et encouragements sont les clés de tout dressage.

Êtes-vous devenu le chat dominant?

C'est à vous et à votre chat de déterminer si vous êtes maintenant le chat dominant. Si vous avez établi une bonne routine quotidienne avec votre compagnon et savez lui faire comprendre quels sont vos désirs, vous êtes en passe de devenir le chat dominant.

Lorsque vous aurez maîtrisé les étapes du dressage élémentaire de votre chat, vous serez en voie de devenir le chat dominant dans la maison. Si vous décidez de lui apprendre quelques tours faciles, il n'y a plus de doute possible: vous êtes devenu le chat dominant!

Et en prime, votre chat est prêt à subir le test de bon citoyen félin de la Cat Fanciers' Association (voir l'Appendice) et à le réussir haut la main!

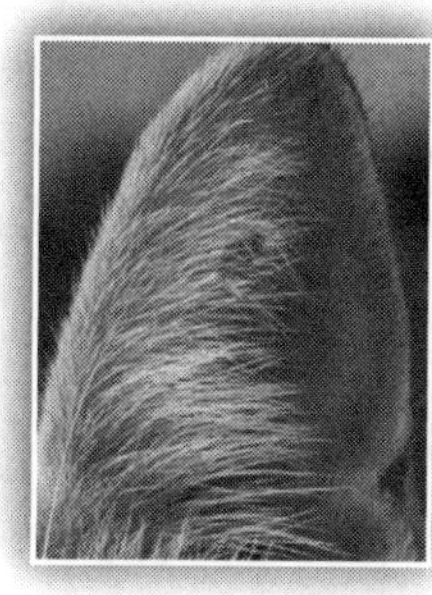

Chapitre 9

Quelques solutions simples à des problèmes courants de comportement félin

Même si vous comprenez très bien votre chat et savez généralement travailler avec lui, il est possible qu'il adopte un comportement problématique. Par « comportement problématique », j'entends un comportement destructeur, contrariant ou dangereux.

Les sept comportements problématiques les plus courants sont : se montrer agressif envers les gens et les autres animaux domestiques ; avoir des comportements destructeurs, plus particulièrement griffer les meubles et autres objets familiers; jouer dans les ordures; être hyperactif; détruire les plantes et gratter le terreau dans les pots de fleurs; faire ses besoins dans la maison; marcher ou s'asseoir sur des surfaces interdites. Plusieurs de ces comportements prennent diverses formes.

Je suis un fervent adepte de la *prévention.* Si vous appliquez ma méthode fondée sur la patience, la persévérance et les encouragements, vous réussirez à modifier les comportements énumérés ci-dessus avant qu'ils ne deviennent problématiques.

L'une des mesures les plus importantes dans la prévention des comportements indésirables est de faire opérer le chat au bon moment. Non seulement l'ablation des ovaires (pour les femelles) ou des testicules (pour les mâles) est capitale pour la santé du chat pendant toute sa vie, mais elle a sans aucun doute un effet positif sur son comportement. La stérilisation réduit habituellement l'agressivité envers les autres chats ou les humains. Un chat opéré, particulièrement un mâle, est moins porté à marquer son territoire, comportement qui le conduit à faire ses besoins dans la maison. De plus, un chat opéré a un comportement moins hyperactif, moins frénétique, en un mot moins « fou ». Un chat opéré devient un animal de compagnie plus calme et plus réceptif.

Qu'ils soient ou non opérés, les chats de chaque sexe gardent certaines de leurs caractéristiques instinctives inhérentes. Les mâles sont davantage portés à établir leur suprématie et à tenter de devenir le « chat dominant » de la maison, tandis que les femelles sont plus enclines à chasser (pour nourrir leurs petits) et à défendre leur territoire.

Quelques outils de résolution de problèmes

- Bouteille d'eau avec pulvérisateur ;
- Boîte de conserve (remplie de cailloux ou de pièces de monnaie) à agiter ;
- Ruban adhésif des deux côtés ou feuilles de papier contact ;
- Boules antimites ;
- Papier d'aluminium ;
- Liquide amer à pulvériser ;
- Grande cage (bien que les chats détestent être confinés, il peut arriver qu'une cage, utilisée pendant une courte période, soit la solution à un problème) ;
- Herbe-à-chats ou huile d'herbe-à-chats en aérosol (l'herbe-à-chats séchée reste fraîche et aromatique lorsqu'on la garde au réfrigérateur).

Faire ses besoins dans la maison

Que le chat fasse ses besoins au hasard n'importe où dans la maison ou qu'il les fasse régulièrement au même endroit en dehors de sa litière est le problème qui motive le plus les maîtres à me consulter. Les chats aiment souvent utiliser la baignoire comme litière ; d'autres préfèrent le milieu du lit de leur maître.

La première mesure à prendre lorsqu'un chat évite régulièrement de faire ses besoins dans sa litière est de le faire examiner par un vétérinaire qui déterminera s'il souffre d'une quelconque maladie. Si le vétérinaire déclare que le chat est en bonne santé, on peut en conclure qu'il s'agit d'un problème comportemental et non médical. Voici un exemple qui illustre ce point.

Étude de cas
Mia, un siamois brun phoque qui avait toujours utilisé son bac de litière, a soudainement commencé à mouiller le lit de son maître. L'urine avait une drôle d'odeur âcre. J'ai suggéré à son maître de consulter le vétérinaire. Celui-ci a découvert que Mia souffrait d'une infection urinaire, et aussitôt qu'on lui a administré des médicaments et changé son alimentation, le problème s'est résolu de lui-même. On peut donc dire qu'il ne s'agissait pas d'un problème de comportement.

Les bacs de litière

Aucun chat qui se respecte ne s'abaissera à utiliser une litière sale ou malodorante (n'oubliez pas que les chats ont un odorat bien plus fin que le vôtre). À partir du moment où sa litière sera malpropre, votre chat fera sans doute ses besoins *près* de celle-ci, mais pas *dedans*. Il vous enverra ainsi un message clair : il voudrait bien faire ses besoins à l'endroit approprié, mais il ne peut simplement pas se résoudre à utiliser un bac aussi sale. Dans ce cas, la solution est simple. Enlevez régulièrement les excréments aussitôt que possible (avec une cuillère perforée, c'est facile) et ajoutez un peu de litière s'il reste des traces d'humidité.

Changez la litière au complet au moins une fois par semaine. Si vous avez plus d'un chat, assurez-vous qu'ils ont un nombre suffisant de bacs de litière.

Un chat peut refuser d'aller dans sa litière en raison de l'endroit où elle se trouve. En effet, les chats ont besoin d'intimité lorsqu'ils font leurs besoins. Certains apprécient même de pouvoir

Un chat bien élevé fait ses besoins dans son bac de litière.

s'isoler derrière un petit paravent placé le long de deux côtés de la boîte. Les chats n'aiment pas que leur litière soit dans un endroit passant et bourdonnant d'activité, comme la cuisine ou la salle familiale. De plus, comme ils se sentent vulnérables lorsqu'ils font leurs besoins, ils aiment pouvoir regarder autour d'eux. Les meilleurs endroits où placer une litière sont une petite pièce, comme la salle de toilette, et le sous-sol (quand elle se trouve dans le sous-sol, il ne faut pas oublier de la nettoyer). Un coin est idéal : le chat étant protégé de deux côtés, personne ne peut le surprendre par l'arrière.

La litière

Les chats enterrent instinctivement leurs excréments pour se protéger. Nous devons donc fournir à nos chats une litière dans laquelle ils pourront enfouir leurs besoins (à l'extérieur, ils utilisent de la terre ramollie).

Il existe plusieurs sortes de litière sur le marché, et certains chats ont une nette préférence pour une sorte en particulier. Par exemple, il arrive souvent que les chats dégriffés n'aiment pas une litière trop dure pour leurs pattes ; d'autres *préfèrent* la litière dure en calcaire pour enfouir leurs excréments. Si vous avez plusieurs chats, vous devrez peut-être fournir une sorte de litière différente à chacun. Lorsque vous adoptez un chaton ou un chat, demandez quelle sorte de litière il préfère. Il suffit souvent de changer de sorte pour régler les problèmes. En voici une preuve.

Étude de cas

Bleu, un magnifique persan bleu, utilisait toute la maison où il vivait comme litière. Sa maîtresse ne comprenait pas ce comportement. Ne supportant plus les dégâts continuels, elle était prête à se défaire du chat lorsqu'elle m'a appelé à l'aide.

Je me suis rendu compte que la litière de calcaire contenue dans le bac était parfaitement propre et que le bac lui-même ne posait aucun problème. Je sais toutefois que les chats à poil long n'aiment pas la litière de calcaire, car elle adhère à leurs poils. J'ai suggéré une solution toute simple : changer de sorte de litière.

Nous avons établi un plan selon lequel la propriétaire devait se procurer un deuxième bac de litière. Elle a rempli chaque bac d'une sorte différente de litière, l'une en sable agglomérant et l'autre en copeaux de cèdre. En moins d'une semaine, Bleu a découvert qu'il adorait la litière de cèdre, et le problème a été complètement résolu.

Le marquage

Il arrive que des chats domestiques fassent leurs besoins un peu partout afin de marquer leur territoire. Même des mâles castrés et des femelles, opérées ou non. Cela se produit souvent lorsqu'il y a plusieurs chats dans une maison ou lorsqu'un nouveau félin est introduit dans une maison où vivent déjà des chats plus âgés.

Étude de cas

Ike et Mike, deux chats castrés de huit ans, vivaient heureux sous le même toit et partageaient deux bacs de litière. Un beau jour, leur maîtresse amena Molly à la maison. C'était une jolie petite chatte d'Espagne. Ike et Mike semblèrent l'accepter calmement et même avec bonheur, mais en quelques jours ils avaient commencé à laisser leur odeur partout dans la maison. Leur maîtresse me téléphona paniquée.

J'ai immédiatement reconnu le problème. Ike et Mike se laissaient aller à un comportement de marquage, pour indiquer clairement à Molly qu'elle était chez eux et dans leurs meubles.

La solution ? J'ai conseillé à la propriétaire de confiner Molly dans une petite pièce avec sa couche, de l'eau et de la nourriture, ainsi que sa propre litière (note : une cage assez grande pour contenir un bac de litière, de l'eau et de la nourriture peut faire l'affaire).

Je sais que les chats détestent être confinés, mais c'est la seule solution dans un cas comme celui-ci. Et nous espérions que l'« incarcération » de Molly serait de courte durée.

Aussitôt que Ike et Mike se sont rendu compte que leur territoire n'était plus menacé, ils ont repris la bonne habitude d'utiliser leurs litières. J'ai dit à la propriétaire de laisser l'un ou l'autre des « garçons » rendre de courtes visites à Molly. Chaque fois que Ike et Mike se comportaient amicalement envers Molly, leur maîtresse les complimentait et les caressait. Au bout d'environ une ou deux semaines, les deux mâles se sont habitués à Molly et, ne la percevant plus comme une menace, ils lui ont permis de revenir dans la maison et même de partager leurs litières. Il a suffi d'un peu de patience, de persévérance et d'encouragements de la part de la propriétaire pour leur faire graduellement accepter le nouveau chat.

Les comportements destructeurs

Le comportement destructeur le plus fréquent consiste à griffer les meubles, les tapis, les tentures ou autres objets familiers. Avec les problèmes d'hygiène, ce comportement vient en haut de la liste des doléances des propriétaires de chats. Certains chats ont aussi d'autres comportements destructeurs, comme renverser des objets, faire tomber des livres et des bibelots des étagères, mâcher des objets, etc. Parlons d'abord des griffes.

Griffer

Comme je l'ai déjà mentionné, un bon arbre à griffer est un accessoire *essentiel* pour tous les chats, même les chats dégriffés. Dès la première journée dans son nouveau foyer, un chaton ou un chat devrait être entraîné à utiliser son arbre à griffer, et son arbre à griffer seulement, pour faire ses griffes. Si vous arrivez à conditionner votre chat tout de suite, vous vous éviterez tous les problèmes liés aux griffes qui pourraient survenir.

Gardez toujours les griffes de votre chat bien taillées, et il aura ainsi une raison de moins de se faire les griffes.

Pour apprendre à un chaton (ou à un chat adulte qui n'a pas appris) à faire ses griffes sur son arbre à griffer, voici les étapes à suivre :

- Mettez l'arbre dans un endroit où il tient solidement et ne risque pas de se renverser. Beaucoup de gens le mettent au coin d'un meuble (un bon endroit pour commencer à se faire les griffes) afin de détourner la tentation.
- Frottez de l'herbe-à-chats ou vaporisez de l'huile d'herbe-à-chats sur la surface de l'arbre. Vous pouvez aussi y suspendre un jouet.
- Encouragez le chat en lui mettant les pattes sur l'arbre tandis que vous le caressez et le complimentez. Déplacez ses pattes de haut en bas en grattant.
- Lorsqu'il griffe l'arbre, complimentez-le abondamment.

Faites un jeu de l'utilisation de l'arbre à griffer. Rendez-le plus amusant en y suspendant un jouet. Félicitez et caressez votre chat lorsqu'il utilise son arbre à griffer.

Ces étapes suffisent pour la plupart des chats, mais il y en a quelques-uns qui n'ont simplement pas l'air de « comprendre ». Le problème réside parfois dans la surface de l'arbre à griffer. En général, les chats aiment les surfaces rugueuses, comme de la corde ou de l'écorce (l'écorce est très salissante, car elle s'enlève), mais certains préfèrent une autre sorte de surface. Pour sauver vos meubles, il vaut la peine de faire l'essai de différentes surfaces.

Si votre chat est l'un de ces entêtés qui continuent à faire leurs griffes sur toutes sortes de choses sauf sur leur arbre à griffer, vous devrez avoir recours à des méthodes plus musclées. Si vous êtes à la maison et entendez le bruit du chat qui fait ses griffes dans le tissu, faites immédiatement irruption dans la pièce, tapez dans vos mains et criez « NON ». Vous pouvez aussi arroser le chat à l'aide d'un vaporisateur contenant de l'eau ou agiter une boîte de conserve remplie de cailloux ou de pièces de monnaie, ce qui le fera sursauter et cesser. S'il est toujours dans la pièce une fois qu'il s'est calmé, placez de nouveau ses pattes sur l'arbre à griffer, caressez-le et complimentez-le.

Si vous vous absentez souvent de la maison – c'est habituellement en l'absence du maître que les dégâts sont commis –, couvrez vos meubles de housses de plastique. C'est un moyen efficace, car la plupart des chats détestent l'odeur et la sensation du plastique. Des ballons gonflés placés sous un drap peuvent constituer une mauvaise surprise pour un chat qui crève les ballons en se faisant les griffes sur le tissu.

J'ai découvert que le ruban adhésif est un excellent truc pour empêcher les chats de faire leurs griffes (ou de monter sur une surface défendue). Procurez-vous du ruban adhésif des deux côtés et placez-le aux endroits où votre chat a l'habitude de griffer ou de sauter. S'il s'agit d'une grande surface, recouvrez la surface que vous voulez protéger d'une feuille de papier adhésif, le côté collant vers le haut. Aussitôt que les pattes du chat toucheront la surface collante, il se retirera vivement, comme dégoûté.

Voici la façon dont une maîtresse a dissuadé son chat de faire ses griffes sur le mobilier de salon :

Étude de cas

Mabel avait un gros chat marbré nommé Jessie. Jessie était adorable, mais il avait peu à peu saccagé tous les meubles du salon de sa maîtresse. Pendant cinq ans, Mabel avait enduré les dégâts, mais elle voulait maintenant faire recouvrir ses sièges et ne savait pas comment les protéger.

Lorsque je me suis rendu chez elle, j'ai vu que l'arbre à griffer était recouvert d'un revêtement doux comme du tapis. De toute évidence, Jessie avait besoin d'une surface plus résistante pour se faire les griffes, le canapé et les fauteuils, par exemple. C'était un gros chat robuste, et l'arbre à griffer à surface douce ne lui permettait pas de faire assez d'exercice. La première chose que j'ai suggérée à Mabel a été de se procurer un arbre à griffer avec une surface plus rugueuse et un deuxième arbre à griffer à mettre dans une autre pièce.

Je lui ai ensuite recommandé de frotter de l'herbe-à-chats ou de vaporiser de l'huile d'herbe-à-chats sur la surface de l'arbre, d'acheter du ruban adhésif des deux côtés et de le coller aux endroits où Jessie faisait ses griffes, sans oublier les endroits importants, comme les coins du canapé et des fauteuils.

Il était important qu'elle conditionne Jessie à utiliser ses nouveaux arbres à griffer avant de faire recouvrir ses meubles, pour éviter qu'il ne fasse ses griffes sur le nouveau tissu. Sachez qu'une fois qu'un chat a adopté un endroit pour faire ses griffes, il est presque certain qu'il va y retourner.

Un mois plus tard, Mabel m'a téléphoné pour me dire que Jessie adorait ses arbres à griffer et que ses nouveaux meubles étaient intacts.

L'herbe-à-chats comme outil de dressage

- L'herbe-à-chats est une plante que les chats aiment en raison de l'huile (la népétalactone) contenue dans ses feuilles. Les chatons ne réagissent pas à l'herbe-à-chats et même certains chats adultes y sont indifférents.
- Les chats que l'herbe-à-chats attire réagissent d'une tout autre façon : certains se roulent dedans en ronronnant furieusement, d'autres l'avalent et deviennent comme « fous », sautant en l'air en paraissant s'amuser, et d'autres encore s'endorment profondément aussitôt après en avoir mangé. L'herbe-à-chats agit sur eux comme deux whiskys ou un joint de marijuana sur les humains. La seule différence est qu'il s'agit d'une substance sans danger qui ne cause pas d'accoutumance et dont les effets se dissipent rapidement.
- L'herbe-à-chats peut être un bon outil de dressage. Frottée sur la surface d'un arbre à griffer, elle agit comme un aimant pour inciter le chat à griffer à cet endroit plutôt que sur le canapé. On peut l'utiliser comme incitatif au lieu d'une friandise. Les jouets contenant de l'herbe-à-chats (petites souris ou autres objets remplis d'herbe-à-chats) favorisent l'exercice même chez les chats les plus sédentaires et peuvent devenir les objets préférés à rapporter.

- On peut se procurer de l'herbe-à-chats séchée et des jouets à l'herbe-à-chats dans les animaleries et les supermarchés. L'herbe-à-chats séchée conserve sa fraîcheur et son odeur si on la garde au réfrigérateur dans un contenant hermétiquement fermé. (Mise en garde : l'herbe-à-chats peut contenir beaucoup de pesticides ; vérifiez les étiquettes.) L'huile d'herbe-à-chats est aussi vendue en aérosol, ce qui en facilite la pulvérisation sur les arbres à griffer.
- Les propriétaires de chats font souvent pousser de l'herbe-à-chats dans de petits pots sur le bord d'une fenêtre, ce qui permet au chat d'en grignoter à volonté. Quelle que soit la forme offerte, l'herbe-à-chats ensoleille la vie de tout félin qui en est friand.

Autres comportements destructeurs

Les chats peuvent avoir des comportements destructeurs autres que « griffer ». Certains chats deviennent déchaînés et se livrent au saccage, renversant tout sur leur passage, détruisant et brisant des objets, mâchant les meubles et les coussins, et ainsi de suite. Voici une anecdote récente sur un chat destructeur.

Étude de cas

Joy était une chatte abyssin agréable et très affectueuse. Elle était très attachée à sa maîtresse, Jane, qu'elle suivait partout dans la maison. Elle dormait sur le lit de Jane et se lovait à ses côtés dès que celle-ci s'asseyait.

Le problème surgissait chaque fois que Jane sortait, même durant deux ou trois heures seulement. À son retour, l'appartement était en ruine, et les choses empiraient. Jane a fait appel à moi.

Il était évident pour moi que Joy souffrait d'angoisse de la séparation quand Jane la laissait à la maison. C'est un syndrome généralement associé aux chiens, mais les chats très attachés à leur maître peuvent aussi en souffrir. Ces chats sont complètement terrorisés lorsque leur maître adoré les laisse seuls à la maison. Ils réagissent de manière violente et hystérique, un peu comme un enfant qui pique une crise.

La solution consiste à offrir un environnement calme et un endroit sûr jusqu'au retour du maître. J'ai suggéré à Jane d'agir comme suit : chaque fois qu'elle prévoyait de sortir, elle devait prendre Joy dans ses bras et la mettre dans sa cage de transport ou une petite cage. En rentrant, Jane devait la complimenter et lui donner beaucoup d'attention. Au bout de quelques semaines, Joy a pu être transférée dans une petite pièce, comme la salle de bains, où il n'y avait pas grand-chose à détruire (note : une grande cage procurera au chat le même sentiment de sécurité. Vous pouvez lui laisser quelque chose pour se coucher, une friandise et de l'eau, mais rien d'autre, à l'exception de son jouet préféré). Avant de sortir, Jane complimentait Joy, la rassurait et la caressait. Une fois la chatte habituée à rester calmement dans la petite pièce (ou la cage), elle a pu la laisser de plus en plus longtemps dans une pièce plus grande jusqu'à ce qu'elle apprenne à rester calme et tranquille pendant les sorties de sa maîtresse ; la chatte a pu ensuite réintégrer toute la maison.

Jane a suivi toutes ces étapes (avec patience, persévérance et encouragements) et elle peut maintenant laisser Joy seule quand elle sort sans avoir à affronter un désastre chaque fois qu'elle rentre.

L'hyperactivité

L'hyperactivité est un autre problème courant chez les chats. Deux types de comportement hyperactif sont très contrariants : celui d'un chat qui réveille son maître au milieu de la nuit ou très tôt le matin pour réclamer de l'attention et celui d'un chat qui se déchaîne la nuit, grimpe dans les rideaux et court frénétiquement dans tous les sens.

L'hyperactivité est causée par un niveau élevé d'énergie et par l'ennui, mais elle peut aussi avoir une origine médicale. Si le problème persiste, consultez un vétérinaire.

Réveiller son maître et l'empêcher de dormir

Les chats sont des animaux nocturnes, et certains ne semblent simplement pas comprendre que leur maître aime dormir la nuit et tôt le matin ; ils choisissent ces moments pour demander de l'attention avec insistance. C'était le cas de Toby.

> ***Étude de cas***
> *Toby était un british shorthair gris parfaitement normal. Pendant la journée, il dormait, mangeait et jouait comme n'importe quel autre chat. Ses maîtres, Beth et David, travaillaient à la maison. Ils se couchaient tard et rattrapaient le sommeil perdu le matin. Cela jusqu'à ce que Toby entre dans leur vie. Chaque matin, vers 5 h, Toby décidait qu'il était temps que tout le monde se lève. Il sautait sur le lit de ses maîtres, se frottait contre le visage de l'un ou l'autre, en miaulant et en ronronnant à pleins poumons.*

Il lui arrivait même de leur toucher le visage de la patte ou de leur pétrir n'importe quelle partie du corps. S'il n'obtenait pas de réaction, il se mettait à courir dans le couloir et dans la salle de bains avant de revenir sur le lit en « parlant » haut et fort. Persévérant, il accentuait la pression si ses maîtres continuaient à l'ignorer. Les yeux rougis par l'insomnie, ceux-ci m'avaient appelé au secours.

J'ai pensé à quelques solutions simples. Premièrement, il était possible que Toby ait faim. Au lieu de lui donner son principal repas à 18 h, j'ai suggéré de le faire attendre jusqu'à l'heure du coucher (si le chat mange des aliments secs, on lui en laisse simplement une bonne quantité à grignoter pendant la nuit). Il serait ainsi rassasié et satisfait toute la nuit.

Deuxièmement, il se pouvait qu'il souffre d'ennui. Une séance de jeu particulièrement intensive avant d'aller au lit (ou après le dîner) pourrait le fatiguer et lui donner envie de se reposer la nuit.

Troisièmement, j'ai suggéré à Beth et à David de garder une bouteille à bec pulvérisateur sur leur table de nuit. Aussitôt que Toby commençait son cirque, celui qui était le plus proche criait « NON » et l'arrosait généreusement pour l'immobiliser.

Ils ont utilisé ces trois méthodes, et en une semaine Toby avait appris à rester tranquille jusqu'à ce qu'ils soient prêts à se lever et à lui donner son petit-déjeuner.

Autres formes d'hyperactivité

Il arrive parfois que les chatons et les chats se laissent aller à des « crises » d'hystérie : ils courent follement dans tous les sens. Si ces crises ne sont qu'occasionnelles, elles ne sont pas problématiques ; mais si votre chat fait régulièrement des crises de folie qui aboutissent à des conduites dangereuses ou inacceptables, comme grimper dans les tentures ou sur les rayons de la bibliothèque, elles pourraient le devenir. Si vous avez plusieurs chatons du même âge, ils s'encouragent mutuellement à être turbulents.

La plupart des chatons abandonnent ces comportements en vieillissant, mais il est évident qu'un chaton très actif a besoin d'être occupé et de dépenser son énergie. Pour l'aider à se calmer, donnez-lui toutes sortes de jeux intelligents avec lesquels s'amuser. Une balle de ping-pong, par exemple, lui fournira d'innombrables heures d'activité ludique et sportive, surtout si vous la lancez pour lui.

Il y a aussi sur le marché un jouet avec lequel votre chat peut s'amuser seul. Il s'agit d'une balle de ping-pong dans un passage circulaire. Les jouets à ressorts qui rebondissent intriguent tous les chats, de même que les objets suspendus (remarque : prenez soin de ranger les jouets qui pendent au bout d'une ficelle lorsque vous n'êtes pas là pour surveiller votre chat). En résumé, organisez de nombreuses activités pour votre chaton ou votre chat hyperactif et son énergie sera canalisée de façon appropriée.

L'agressivité

L'agressivité des chats est un sujet très complexe. Un chat peut se montrer agressif envers les autres chats de la maison, envers des chiens, envers des gens, ou envers une personne en particulier. L'agressivité est souvent pour un propriétaire de chat une manifestation troublante qui peut lui donner du fil à retordre.

Le stress peut être un facteur favorisant. Les chats composent avec le stress de manières qui peuvent varier considérablement d'un sujet à l'autre. Certains chats semblent tout encaisser, tandis que d'autres réagissent de manière agressive. Lorsqu'il y a un certain nombre de chats ou simplement beaucoup d'activités bruyantes dans une maison, un chat peut souffrir de stress. Tout changement qui survient dans son environnement peut aussi être une source de stress. Par exemple, certains chats deviennent stressés quand un membre aimé de la famille s'en va ou lorsqu'une nouvelle personne vient vivre dans la maison.

Un chaton que l'on sépare trop tôt de sa mère et des autres petits n'aura pas appris grâce à sa mère et aux autres petits à bien contrôler ses sentiments agressifs. Il sera alors très difficile de le guérir de son agressivité.

Il y a différents types d'agressivité chez les chats. Je ne traiterai que de quelques-uns de ces types, soit de ceux qui sont les plus courants, et je vous indiquerai ce que vous pouvez faire pour y remédier.

L'agressivité provoquée par des caresses

Les maîtres sont souvent déconcertés par une réaction agressive à des caresses. Votre chat semble solliciter des caresses, puis il vous attaque soudainement la main, se mettant à vous griffer et à vous mordre sauvagement, en vous faisant mal. Votre chat peut aussi se rouler sur le dos et vous donner l'impression qu'il veut se faire caresser la bedaine. Cependant, dès que vous lui touchez cette partie du corps, il vous attrape la main et se met à la griffer et à la mordre. Les chats mâles, plus particulièrement ceux qui ne sont pas castrés, peuvent aussi réagir de cette façon si vous les flattez à la base de la queue.

Pour éviter que cela ne se reproduise, ne cédez pas aux demandes de votre chat quand il sollicite ce genre de caresses et mettez vos visiteurs en garde contre les caprices de votre chat. Cette réaction agressive semble être une forme d'*agressivité de dominance* que déclenchent les caresses sur certaines parties du corps. Vous pouvez arriver à éliminer ce problème à l'aide d'un programme de dressage comme celui que j'ai décrit dans le chapitre précédent, lorsque vous devenez le chat dominant.

Position d'attaque typique.

Entre-temps, pour éviter de vous faire blesser la main, ne la retirez pas instinctivement ; détendez-la simplement et retirez-la latéralement, entre les pattes du chat, tout en disant « NON » d'un ton très ferme.

L'agressivité prédatrice

Les chats sont des animaux naturellement prédateurs, qui guettent leurs proies et bondissent sur elles avec agressivité. Cet instinct peut avoir des conséquences assez pénibles, par exemple si votre chaton vous enfonce ses dents pointues comme des aiguilles dans les mollets au moment où vous passez à côté de lui.

Étude de cas

Joe ramena chez lui un mignon petit chat noir et blanc pour faire une surprise à Susie, sa petite fille de huit ans. Celle-ci, ravie, appela son chat Josie, version féminine du nom de son père. Elle passa la journée à jouer avec son chat et, le soir, quand elle alla se coucher, elle emporta Josie avec elle. Lorsque Joe jeta un coup d'œil dans la chambre de sa fille avant de se coucher, le chat était roulé en boule aux pieds de la petite fille. Le matin suivant, cependant, Joe fut surpris et alarmé d'entendre Susie hurler: «Non, Josie, non!»

Il se précipita dans la chambre de sa fille et trouva Susie en larmes, les chevilles et les jambes couvertes d'égratignures et le bas de son pyjama taché de sang. «Josie a bondi de sous le lit et elle s'est mise à me griffer les jambes, lui expliqua la fillette en sanglotant. J'imagine qu'elle ne m'aime pas.»

Pendant la journée, le chaton joua tout à fait normalement avec Susie, mais la même chose se produisit le matin suivant. Joe dit à Susie qu'il valait mieux se débarrasser du chat, mais elle ne pouvait s'y résoudre. Il décida donc de me demander conseil.

Je lui ai expliqué que le chaton ne s'attaquait pas à Susie parce qu'il ne l'aimait pas; il donnait simplement libre cours à son instinct de prédateur. Lorsque la petite fille avait laissé pendre ses jambes à côté du lit pour se lever, ce qui avait fait bouger le bas de son pyjama, le chaton avait cru qu'il s'agissait d'un quelconque animal n'attendant qu'à se faire attaquer.

Je lui ai fait la suggestion suivante. Pour éliminer ce comportement désagréable et pénible pour la fillette, Joe et Susie devaient tout de suite faire comprendre au chat qu'un tel comportement n'était pas permis. J'ai dit à Joe de donner à Susie un vaporisateur rempli d'eau. Dès qu'elle commencerait à mettre les pieds à terre et que Josie bondirait de sous le lit, Susie devait immédiatement vaporiser de l'eau sur le chat, de préférence sur son museau, en criant «NON». À défaut d'un vaporisateur, j'ai suggéré qu'elle agite une boîte remplie de cailloux ou de pièces de monnaie en disant «NON». Si Susie pouvait agir ainsi dès que son chat l'attaquait, celui-ci comprendrait bientôt que son comportement n'était pas acceptable.

L'élément de surprise joue probablement un rôle dans ce cas. Si une chose qui a l'air d'une proie potentielle se manifeste sans avertissement devant un chaton, celui-ci l'attaquera. J'ai donc suggéré que Susie prenne aussi la précaution d'avertir son chat qu'elle était sur le point de mettre les pieds à terre. Elle pourrait dire par exemple: «Bonjour Josie, je vais me lever maintenant», ou n'importe quelle autre phrase qui servirait à avertir le chat que ses jambes, et non une proie, étaient sur le point d'apparaître. Ainsi, le chaton devrait finir par transformer son comportement agressif de prédateur en une forme de salutation.

L'agressivité redirigée

Le comportement lié à une agressivité redirigée est lui aussi déroutant. Il s'agit d'une réaction à la frustration de voir un ennemi non loin, sans pouvoir l'atteindre. Le chat redirige alors sa colère et s'attaque à la cible la plus proche.

Prenons un exemple. Votre chat, Sam, est étendu sur le rebord de la fenêtre et observe tranquillement ce qui se passe dehors. Tout d'un coup, il se raidit, grogne doucement, saute du rebord de la fenêtre et attaque sauvagement l'autre chat de la maison ; ou il vous attaque vous, parce que vous êtes plus proche.

Voici ce qui s'est passé : Sam a vu un chat inconnu (probablement un autre mâle) dans son jardin et comme il ne peut l'atteindre ni le pourchasser, il a redirigé son agressivité et s'est lancé sur la créature vivante la plus proche de lui. Ce comportement est étroitement lié à l'*agressivité territoriale.*

Si vous vous trouvez là lorsque votre chat se raidit soudainement à la vue d'un chat inconnu à l'extérieur, attrapez-le immédiatement et éloignez-le de la fenêtre. Si vous n'arrivez pas à l'attraper à temps et qu'il attaque un autre chat de la maison, séparez-les et enfermez-en un dans une autre pièce jusqu'à ce que l'agresseur se soit calmé.

Si cela se produit fréquemment, vous pouvez envisager de vous procurer un store, une toile ou des rideaux pour bloquer la vue de cette fenêtre.

L'agressivité territoriale

Les chats sont naturellement territoriaux. Dans la nature, les chattes surveillent étroitement le territoire où elles vivent et élèvent leurs petits ; les mâles ont des territoires beaucoup plus étendus, qui couvrent le territoire de plusieurs chattes, et ils se battent pour protéger leur fief contre les autres mâles. Castrer un mâle réduira fortement son agressivité territoriale.

Cependant, comme dans le cas de Ike et Mike, même des chats castrés conservent un sens de leur territoire et peuvent se battre avec d'autres chats (ou marquer leur territoire par leurs odeurs) lorsqu'un nouveau chat est introduit dans la maison, plus particulièrement s'il s'agit d'un mâle.

La solution à ce comportement consiste à isoler les chats. Si vous avez ce problème, mettez le nouveau venu dans une cage de transport ou une cage afin que le ou les autres chats de la maison puissent s'habituer à sa présence et à son odeur. Ensuite, faites séjourner tour à tour chacun de vos chats, le nouveau venu et celui ou ceux que vous avez déjà, dans la même cage pour que tous les chats s'habituent aux odeurs des autres. Graduellement, laissez sortir le nouveau venu pour de brèves visites surveillées. Assurez-vous que ces visites se déroulent dans un lieu fermé – par exemple une pièce avec la porte fermée – pour qu'aucun chat ne puisse se sauver pour se cacher. Le chat dominant et territorial finira probablement par accepter le nouveau venu, mais pourra le rudoyer un peu au début. S'il devient trop violent, vous devrez intervenir et les isoler de nouveau.

À la plupart des chats faisant preuve d'agressivité territoriale, on peut apprendre avec succès à laisser un nouveau venu félin vivre en paix dans la maison. Mais il arrive parfois que cela ne marche pas, auquel cas le nouveau venu doit déménager.

Une forme étrange et troublante d'agressivité territoriale se manifeste parfois lorsqu'un chat de la maisonnée revient au foyer pour sa convalescence après avoir été hospitalisé. Très souvent, le chat qui est resté à la maison attaquera le convalescent, comme s'il ne le reconnaissait pas. Ce comportement bouleverse et confond le chat qui revient à la maison autant que son propriétaire. Ce problème survient parce que les chats se reconnaissent principalement par leur odeur. Le chat qui a été hospitalisé a une odeur totalement inconnue – il sent le désinfectant, les médicaments et toutes sortes d'autres choses étrangères –, de sorte que son ancien compagnon ne le reconnaît pas ; il le perçoit plutôt comme un étranger qui a envahi son territoire. La solution consiste à isoler le chat convalescent dans une pièce fermée et équipée de tout le matériel nécessaire (bac de litière, nourriture et eau, coin pour dormir, etc.), pour lui permettre de se rétablir en paix. Ici encore, mêler les odeurs en confinant les chats l'un après l'autre dans la pièce fermée accélérera le processus d'acceptation. Une fois que le chat convalescent aura repris des forces et retrouvé son odeur naturelle, il ne sera plus risqué de le laisser circuler librement dans la maison. Son ancien compagnon le reconnaîtra, et la paix régnera de nouveau.

Une autre forme embêtante d'agressivité territoriale se manifeste quand un chat prend en grippe une personne en particulier ou toute personne autre que son maître. Cette forme d'agressivité peut être attribuable au stress – le chat n'ayant jamais été exposé à différentes personnes lorsqu'il était encore un chaton –, mais quelle que soit la cause, il peut être très perturbant de voir son chat s'attaquer à toute personne qui entre chez soi.

Étude de cas

Richard était célibataire et adorait recevoir. Malheureusement, son chat astrakan adoré, Chessie, lui causait des problèmes. Dès que ses amis se présentaient et sonnaient à la porte, Chessie devenait tendu.

Au début, il se retirait simplement dans la chambre et boudait jusqu'au départ des invités de Richard, mais il avait commencé depuis quelque temps à faire son apparition dans la pièce où se tenaient les invités. Il grognait et se jetait sur la personne la plus proche, enfonçant les dents ou les griffes dans les chevilles ou les jambes du pauvre invité éberlué.

Richard était consterné et déconcerté. Que devait-il faire ?

Je lui ai suggéré de se procurer une grande boîte confortable et de la placer dans sa chambre. Avant l'arrivée de ses invités, il devrait mettre son chat dans la boîte en le rassurant beaucoup et en lui donnant une friandise ou deux. Je lui ai dit aussi que si ses invités pouvaient se présenter à son appartement quelques-uns à la fois au lieu de tous ensemble, Chessie se sentirait moins stressé. Une fois tous les invités arrivés, il pourrait sortir son chat de sa boîte, le tenir dans ses bras et le présenter à un ou deux invités sympathiques. Il remettrait ensuite son chat en sécurité dans sa boîte. Je lui ai conseillé de refaire ce manège aussi souvent qu'il le faudrait pour que son chat accepte la présence d'étrangers chez « lui ». Je dois ajouter que je lui ai expliqué qu'il valait mieux garder son chat en sécurité dans sa boîte pendant le brouhaha occasionné par l'arrivée des invités.

L'agressivité maternelle

L'agressivité maternelle est une question que tout propriétaire comptant élever des chats devrait avoir examinée. Une chatte protégera toujours ses petits de manière féroce et agressive, quel que soit le danger qu'elle perçoit.

Cela signifie que si vous avez une chatte avec des petits, vous devrez éliminer tout ce qui peut la menacer, à défaut de quoi elle risque d'attaquer pour protéger ses petits. Le chahut que font des enfants ou des animaux domestiques turbulents dans la maison peut la porter à croire que ses petits sont en danger. En conséquence, vous devrez prévoir pour votre chatte et ses petits un endroit sûr, éloigné du tapage et de l'agitation. En outre, vous devrez surveiller les visites d'enfants curieux et enthousiastes ou d'autres animaux, et les limiter au minimum. Enfin, vous devrez prendre soin de donner aux visiteurs la consigne de ne pas essayer de toucher ou de prendre les chatons.

L'agressivité causée par la peur

Un chat qui a peur pour sa propre sécurité réagira de manière agressive pour se protéger. Si un chien fait peur à un chat en le harcelant ou en le coinçant, même pour jouer, le chat aura peur et le griffera pour se défendre. Un chat peut aussi griffer un enfant qui le taquine, le provoque ou cherche à l'attraper. Il ne s'agit pas là d'un comportement « répréhensible », mais plutôt d'une réaction de peur.

Un propriétaire attentionné essaiera de protéger son nouveau chat ou son nouveau chaton contre toute confrontation soudaine et angoissante jusqu'à ce qu'il se soit habitué à sa nouvelle maison et que ses divers habitants ne lui fassent plus peur. Il faut enseigner aux enfants et aux chiens à traiter les chats avec respect et douceur.

L'agressivité causée par la douleur ou des traitements médicaux

Un chat qui souffre ne voudra pas être touché, manipulé ou approché. Même s'il ne ressent qu'un malaise causé par un quelconque ennui de santé, il souhaitera qu'on le laisse tranquille. Si votre chat habituellement calme et amical change soudainement de comportement et se met à attaquer dès que vous l'approchez, vous devriez soupçonner un problème de santé.

Étude de cas

Peter, un maine coon, était un amour de chat. Malgré son imposante taille, il était doux, gentil et affectueux. En général, il acceptait calmement que « ses » enfants le flattent, le transportent et le traitent comme un animal en peluche. Mais un jour, il s'est mis à grogner quand les enfants l'ont approché alors qu'il dormait sur le canapé.

Alarmée, sa propriétaire, Sofie, a téléphoné chez moi. Que se passait-il à mon avis?

Lorsque je suis arrivé chez elle, Peter dormait, couché en boule sur le canapé. Tandis que j'approchais et étendais la main pour le flatter, il se mit à siffler et à grogner doucement, et parut vouloir se recroqueviller pour m'éviter. Je ne reconnaissais vraiment plus le gentil Peter que j'avais rencontré lors de visites précédentes. J'ai senti que quelque chose n'allait pas et j'ai conseillé à Sofie de l'emmener chez le vétérinaire.

Je n'ai pas été étonné d'apprendre que Peter souffrait d'un douloureux abcès buccal et qu'il se montrait agressif pour se protéger contre d'autres douleurs. Dès que son abcès a été guéri, il est redevenu le chat doux et affectueux qu'il était, laissant volontiers les enfants le prendre et le trimbaler partout.

Les chats et les bébés – Prévenir les comportements agressifs

Les propriétaires de chat qui attendent leur premier enfant s'inquiètent souvent de la façon dont leur animal se comportera face au bébé. Sera-il jaloux du bébé et se montrera-t-il agressif envers lui ? pourrait-il lui faire mal ? Les gens dans cette situation me consultent souvent et voici ce que je leur réponds :

Si votre chat a été un « enfant unique » à qui vous avez toujours donné beaucoup d'amour et d'attention, vous avez intérêt à restreindre vos élans d'affection avant la naissance du bébé. Bref, donnez un peu moins d'attention à votre chat – n'oubliez pas que vous aurez moins de temps à lui consacrer après l'arrivée du bébé.

Une fois le bébé à la maison, essayez de continuer à passer de bons moments avec votre chat malgré votre emploi du temps très chargé. Encouragez-le à s'installer à côté de vous et flattez-le pendant que vous allaitez ou nourrissez le bébé. Laissez votre chat sentir les couches souillées du bébé lorsque vous le changez pour qu'il se rende compte qu'il s'agit d'un être humain vous ressemblant. Vous pouvez aussi mettre des vêtements que le bébé a portés à l'endroit où le chat dort. Comme les couches dégagent une forte odeur, elles sont très utiles pour permettre au chat de faire le lien.

Certains propriétaires de chats ferment la chambre du bébé avec une porte en moustiquaire pendant la nuit pour éviter que le chat ne saute dans le berceau ou le petit lit.

Allez-y doucement et ne forcez pas les choses. En général, on peut amener un chat à accepter un bébé de bon gré. D'ailleurs, la plupart des chats s'entendent très bien avec les bébés. Cependant, n'oubliez pas que le chat était là le premier et qu'il aura besoin de votre protection lorsque votre enfant sera plus grand et essaiera de l'attraper. Même de très jeunes enfants peuvent apprendre à être doux avec les animaux.

Un chat qui mâchouille les plantes et qui creuse ou fait ses besoins dans les pots

Si vous adorez les plantes d'intérieur et que vous avez des chats, vous devez commencer par vérifier qu'aucune de vos plantes n'est potentiellement dangereuse pour vos chats. Une fois cette question réglée, vous devez voir si vos chats abîment ou mâchouillent vos plantes. Peut-être découvrirez-vous avec horreur qu'un de vos chats utilise la terre dans les pots comme litière.

Sachez qu'il y a diverses mesures que vous pouvez prendre pour empêcher vos chats de mâchouiller les feuilles de vos magnifiques orchidées, par exemple. Tout d'abord, vous pouvez fournir à vos chats des plantes qu'ils peuvent mâchouiller. Semez de l'herbe, de la luzerne ou du blé dans un pot que vous mettrez sur le rebord d'une fenêtre. Vos chats aimeront certainement les pousses tendres qu'ils prendront plaisir à mâchouiller à mesure qu'elles sortiront et ils seront très heureux de vos bons mots et de vos caresses lorsqu'ils le feront.

Cette seule mesure n'empêchera peut-être pas vos chats de mâchouiller vos plantes d'intérieur préférées. S'ils persistent à le faire, vous devrez trouver un moyen de dissuasion plus efficace. L'odeur de boules antimites placées dans la terre autour d'une plante éloigne la plupart des chats. Malheureusement, cette odeur pourrait vous incommoder vous aussi. Heureusement, il existe sur le marché des produits qu'on peut vaporiser sur les feuilles des plantes pour dissuader les chats de les mâchouiller. Ces produits sont inoffensifs pour les plantes, mais les chats leur trouvent un goût absolument infect.

Si votre chat utilise la terre contenue dans un grand pot comme litière, non seulement vous aurez des problèmes d'odeurs, mais cette pratique risque de tuer votre plante. Voici le cas de Maggie et de sa maîtresse Dorothy.

Étude de cas

Dorothy adorait cultiver des plantes d'intérieur et sa maison en était remplie. Ses plus précieuses possessions étaient deux orangers qui avaient appartenu à son père. Ils trônaient dans d'énormes jardinières de chaque côté de son solarium. Elle en prenait grand soin et ils la récompensaient en produisant tous les ans des fleurs odorantes et des fruits splendides. Sa seule autre passion était sa petite chatte grise, Maggie, qui était l'image même de la grâce et du charme félins.

Un jour, Dorothy nota qu'un de ses orangers avait des feuilles jaunies. En cherchant plus loin, elle remarqua que la terre autour de l'arbre avait été remuée. En y regardant de plus près, elle constata avec horreur que sa chatte y avait fait ses besoins. De toute évidence, sa petite Maggie si raffinée avait utilisé le pot comme bac de litière. Dorothy se souvint alors de la terre qu'elle avait trouvée près du pot à quelques reprises. À ce moment-là, elle avait pensé à une maladresse de sa part – mais elle se demandait maintenant depuis combien de temps ce manège durait et ce qu'elle pourrait faire pour y mettre un terme si elle n'arrivait pas à prendre Maggie en flagrant délit. Après avoir bien arrosé son oranger dans l'espoir d'éliminer toutes les toxines, Dorothy m'appela.

Comme elle ne pouvait pas toujours être sur place pour asperger Maggie d'un bon nuage d'eau en vaporisateur ou recourir à une autre tactique dissuasive, je lui suggérai d'adopter une approche défensive pour empêcher sa chatte de s'approcher de nouveau des jardinières. Comme je l'ai dit plus haut, les boules antimites sont d'excellents agents de dissuasion, mais de nombreuses personnes n'aiment pas leur odeur trop prononcée. Des boules de papier d'aluminium placées sur la terre font généralement fuir un chat. Cependant, je crois que le meilleur agent de dissuasion est le papier adhésif. Pour ses grandes jardinières, je conseillai à Dorothy de se procurer du papier autocollant, de le couper à la taille voulue et de le placer sur la terre entourant les orangers, côté adhésif vers le haut. Dès que les pattes de Maggie toucheraient la surface collante, elle serait surprise et s'enfuirait sur-le-champ.

Une semaine plus tard, Dorothy me signala que tout allait bien. Maggie n'était plus retournée dans les jardinières, et les orangers se remettaient très bien.

Les ordures

Les ordures ne vous poseront pas nécessairement des problèmes, surtout si vous les gardez dans une poubelle munie d'un couvercle hermétique et si vous pouvez les sortir dès qu'elles contiennent des denrées susceptibles d'attirer votre chat. Malheureusement, certains chats sont de véritables « chasseurs d'ordures » et certains foyers ne peuvent pas se débarrasser de leurs ordures à intervalles très rapprochés. Un chat qui fouille dans les poubelles n'est pas un mauvais chat. Peut-être a-t-il faim ou peut-être n'est-il qu'espiègle et curieux !

La meilleure façon d'empêcher votre chat de fouiller dans les ordures consiste à le prendre en flagrant délit et à le dissuader d'agir ainsi en prononçant un « NON » très ferme et en frappant dans vos mains, en agitant une boîte de conserve ou en arrosant le malin à l'aide d'un vaporisateur.

Vos ordures vous causeront des problèmes si vous omettez de les sortir le soir, avant de vous coucher, ou le matin suivant, avant de partir. Si votre poubelle contient du poulet, du poisson ou des os et des fragments de viande et qu'il n'y a personne pour surveiller votre chat, il est normal qu'il soit tenté de fouiner à l'intérieur. La plus grave conséquence de cette activité, outre le désordre qu'elle cause, est le danger qu'elle fait courir aux chats ; dans leur cas, il peut être très dangereux et même mortel d'avaler des os. De surcroît, la ficelle attachée autour de la viande et de la volaille, et qui conserve des odeurs appétissantes, constitue un autre danger.

Si vous ne pouvez pas garder vos ordures hors de la portée de votre chat, la meilleure solution consiste à utiliser un répulsif.

Mettez des boules antimites dans vos ordures ou quelques gouttes d'ammoniac ou de chlorox. Vous pouvez aussi déposer sur le dessus des ordures un objet qui fera sursauter votre chat, un ballon gonflé par exemple. En général, une ou deux expériences désagréables et éprouvantes dans la poubelle feront comprendre à votre chat qu'il vaut mieux ne pas y toucher.

Les surfaces où il est interdit de marcher ou de s'asseoir

La plupart des propriétaires de chats savent que ces animaux adorent explorer tous les petits coins et recoins dans leur environnement. Ils savent aussi qu'ils sont très agiles et peuvent se faufiler presque partout où ils en ont envie. C'est d'ailleurs la raison pour laquelle la majorité d'entre eux n'essaient pas d'interdire à leur chat de marcher ou de s'asseoir sur diverses surfaces.

Il peut cependant y avoir des exceptions. Le magnifique sofa recouvert de velours rouge peut être un territoire interdit, tout comme l'étagère remplie de figurines anciennes. Et il est compréhensible que la plupart des propriétaires de chats ne veuillent pas de ceux-ci sur le comptoir de la cuisine lorsqu'ils préparent les repas, mais cela ne pose généralement pas de problème, car ils sont sur place pour empêcher leurs chats de sauter sur le comptoir. Cependant, il y a des gens qui ne tolèrent absolument pas qu'un chat grimpe sur un comptoir.

Il arrive que des maîtres adressent à leurs chats des messages contradictoires quant aux endroits où ils ont le droit d'aller. Par exemple, si vous donnez régulièrement à manger à votre chat sur le comptoir de la cuisine (probablement parce que vous avez un chien qui mangerait toute sa nourriture si vous la lui donniez sur le sol), comment peut-il savoir qu'il n'est pas autorisé à y être lorsque vous cuisinez? Si votre chat a l'habitude de dormir sur votre lit, comment pourra-t-il faire la différence entre votre lit et le sofa de velours?

Un maître devrait comprendre qu'il jette ainsi la confusion dans l'esprit de son chat et se rendre compte que celui-ci n'est pas « mauvais » lorsqu'il marche ou s'assied là où il ne le devrait pas.

Si vous êtes à la maison lorsque votre chat va dans un endroit interdit, aspergez-le d'eau, lancez-lui un « NON » ferme en frappant dans vos mains ou agitez une boîte contenant des objets qui s'entrechoquent. Tout geste susceptible de faire sursauter votre chat et d'interrompre son activité finira par le conditionner à ne plus s'aventurer sur les surfaces où il n'a pas le droit d'aller.

Si vous passez beaucoup de temps à l'extérieur de la maison, vous devrez trouver d'autres moyens de dissuasion.

Étude de cas

Vivant seule et travaillant dans un bureau toute la journée, Eleanor avait une maison impeccable. Elle n'avait jamais eu d'animal de compagnie avant de décider un jour qu'elle aimerait avoir un chaton. Après de longues recherches, elle finit par trouver le parfait petit chaton blanc, qu'elle appela Wilbur. Elle le ramena chez elle un vendredi soir afin qu'ils aient le week-end pour faire connaissance.

Tout allait à merveille. Le chaton utilisa immédiatement le bac de litière; il mangea et, plus tard, dormit sur le lit d'Eleanor. Celle-ci était ravie.

Les problèmes commencèrent lorsqu'elle rentra du bureau le lundi. Elle fut horrifiée de voir de petites traces de pas sur ses comptoirs de cuisine d'habitude parfaitement propres. Wilbur s'était promené sur les comptoirs ! Elle en fut scandalisée et téléphona immédiatement à une amie ayant un chat pour lui demander conseil. Son amie ne trouvait pas la situation dramatique, mais sachant qu'Eleanor ne pouvait absolument pas vivre avec un chat qui marchait sur les comptoirs de sa cuisine, elle me passa un coup de fil.

Je suggérai qu'Eleanor achète un rouleau de papier adhésif et qu'elle en découpe de grands bouts pour couvrir ses comptoirs de cuisine, en mettant naturellement le côté collant vers le haut. Cela donna d'excellents résultats. Depuis, Wilbur et Eleanor vivent en parfaite harmonie dans la même maison, et il n'y a plus la moindre trace de pattes de chat sur les comptoirs.

Des boules de papier d'aluminium placées sur les comptoirs donnent parfois de bons résultats – mais certains chats n'y voient que des jouets qu'ils peuvent chasser et faire tomber sur le sol.

Optez pour la simplicité !

Comme vous pouvez le constater d'après les nombreuses solutions que je propose pour corriger les comportements problématiques des chats, la solution la plus simple est toujours la meilleure. Un peu de bon sens de la part du propriétaire d'un chat suffira pour remédier à la plupart des problèmes de comportement qu'il n'a pas su prévenir. Quand un maître réussit à comprendre pourquoi son chat se comporte d'une certaine façon, il trouve généralement un moyen de modifier le comportement en question, pourvu qu'il privilégie la patience, la persévérance et les encouragements et qu'il utilise abondamment le langage des chats.

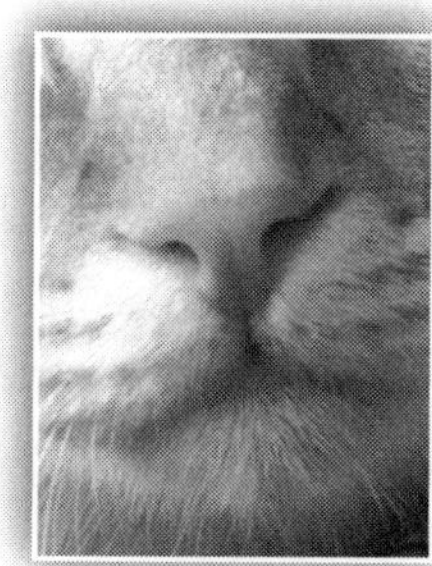

Chapitre 10

Les nombreuses choses que vous et votre chat pouvez faire ensemble

Peut-être êtes-vous heureux que votre chat soit un compagnon affectueux et décoratif, qui ne sort jamais de la maison ; et votre chat est peut-être lui-même très heureux de rester à la maison, de dormir beaucoup et d'observer les oiseaux et les écureuils à travers la fenêtre. Cependant, si vous et votre chat avez aimé les exercices de dressage que j'ai décrits précédemment, vous aurez peut-être envie d'élargir vos horizons.

De nombreux chats extravertis, curieux et actifs apprécient naturellement la stimulation et les défis et sont ravis de découvrir de nouveaux endroits, de rencontrer de nouvelles personnes et d'apprendre de nouveaux trucs, tout comme les chiens. D'autres doivent apprendre à les apprécier. Certains chats sont timides et un peu peureux, tandis que d'autres encore ne veulent pas vraiment quitter la sécurité de leur foyer. Vous devriez maintenant assez bien connaître la personnalité de votre chat pour pouvoir déterminer s'il prendra plaisir à vivre de nouvelles expériences.

Dans le présent chapitre, je vous décrirai diverses activités susceptibles de plaire à un chat extraverti. Ces activités vont au-delà du dressage habituel et concernent votre avenir ensemble ! Je vous parlerai d'abord de voyages avec votre chat. Je vous expliquerai ensuite comment vous pouvez aider votre chat à faire de la zoothérapie. Puis, je traiterai des spectacles de chats et, pour terminer, je vous indiquerai des trucs plus avancés que vous pourrez enseigner à votre chat pour le plaisir. Peut-être votre chat deviendra-t-il une « vedette » ou un « mannequin » dans des annonces publicitaires, des émissions de télé et des films.

Voyager avec un chat

Le mythe selon lequel les chats n'aiment qu'un seul endroit et sont malheureux dès qu'ils en sont éloignés ne correspond pas toujours à la réalité. Je connais des gens qui emmènent leur chat partout – dans des hôtels, dans des centres de villégiature et chez des amis. Ils voyagent en métro, en train, en avion ou en voiture, et leur chat reste parfaitement calme et détendu pendant tous ces déplacements. D'autres encore emmènent régulièrement leur chat dans des chalets d'été et des pavillons d'hiver. Ces chats préfèrent se retrouver dans de nouveaux endroits avec leur maître plutôt que de rester seuls à la maison. Naturellement, si vous emmenez votre chat, vous devrez prendre avec vous tout ce qu'il lui faut : nourriture et eau, bols, jouets, bac de litière, petit arbre à griffer, etc.

Un chat confortablement installé dans sa cage de transport.

Si vous voulez faire voyager votre chat, vous devrez vous procurer une solide cage de transport. Pour que tout se déroule bien pour vous deux, vous devrez enseigner à votre chat à entrer dans la cage dès que vous le lui demandez. Vous devrez aussi lui avoir appris à répondre à son nom. Enfin, pour sa sécurité, vous devrez lui faire porter une bride ou un collier avec une laisse.

Avant de partir pour un voyage prolongé en compagnie de votre chat, vous devrez faire quelques séances de pratique. Mettez-le dans sa cage et emmenez-le chez un ami ou un parent. Une fois là-bas, laissez-le sortir et explorer les lieux. S'il semble nerveux, appelez-le, donnez-lui une friandise ou deux et flattez-le en le complimentant. Au moment de repartir, appelez-le et demandez-lui de retourner dans sa cage. Puis, de retour à la maison, après l'avoir fait sortir de sa cage, complimentez-le de nouveau et donnez-lui une autre friandise. Refaites cet exercice dans divers endroits autant de fois qu'il le faut pour que votre chat reste calmement dans tout nouvel environnement.

Si vous comptez voyager en voiture, emmenez-le souvent faire de courts trajets pour l'habituer au mouvement, aux bruits de la circulation et à l'odeur des vapeurs de carburant. Arrangez-vous pour que chacun de ces voyages soit agréable et prévoyez une friandise, un jeu ou quelque autre récompense pour lui faire plaisir une fois que vous serez revenus à la maison.

Faites de même pour les voyages en train. Effectuez de brefs trajets en train, un aller-retour à la gare suivante par exemple, pour habituer votre chat aux divers mouvements du train et à tous les sons et odeurs associés aux voyages en train. Vous exercer à emmener votre chat en avion est plus compliqué, mais dites-vous que les voyages en voiture et en avion sont assez semblables !

Lorsque votre chat sera parfaitement heureux de rentrer dans sa cage pour partir avec vous, vous serez prêt pour un vrai voyage. Je vous suggère de faire un premier voyage assez court. Songez, par exemple, à aller passer une nuit dans un hôtel ou un motel des environs ou un week-end dans un chalet loué.

Dès que vous aurez la conviction que votre chat demeurera calme et qu'il vous écoutera en voyage, vous pourrez profiter de sa compagnie (et lui de la vôtre) où que vous vous trouviez.

La zoothérapie

Les chats bien élevés et bien dressés se révèlent de merveilleux « thérapeutes » dans les maisons de convalescence, les hôpitaux pour enfants et les résidences pour aînés. Ils sont doux, malléables et toujours les bienvenus sur les genoux ou le lit de patients.

Pour qu'un chat devienne un bon thérapeute, il doit être capable d'entrer dans sa cage de son plein gré et de voyager sans s'énerver. Il doit aussi avoir appris à porter une bride ou un collier et une laisse. C'est là une exigence dans la plupart des centres de soins, qui veulent s'assurer ainsi que le propriétaire ou l'accompagnateur du chat aura constamment la maîtrise de son animal.

Au chapitre 8, je vous ai indiqué comment montrer à votre chat à se coucher et à rester couché. Il est très important qu'un chat faisant de la zoothérapie sache rester tranquille, en toute circonstance, sur la couverture ou l'oreiller posé sur les genoux d'un patient jusqu'à ce que son propriétaire ou son accompagnateur vienne le chercher. Par exemple, il ne doit pas se laisser distraire par des meubles sur roulettes, comme un fauteuil roulant, un poteau de perfusion ou un déambulateur. Il doit aussi avoir appris à rester calme même s'il entend des bruits soudains, comme celui d'un objet lourd qui tombe sur le sol, d'une violente quinte de toux ou de voix très fortes. Vous devrez travailler avec votre chat pour l'habituer à ces choses. Certains chats sont imperturbables, tandis que d'autres ont besoin d'un certain conditionnement pour s'habituer aux gens et aux bruits auxquels ils devront faire face dans les centres de soins.

La seule façon de conditionner un chat à s'habituer à ces choses consiste à simuler les situations auxquelles il aura à faire face et à le rassurer jusqu'à ce qu'elles ne le perturbent plus. Empruntez ou louez un fauteuil roulant ou quelque autre meuble sur roulettes. Mettez une bride ou un collier et une laisse à votre chat et faites-le asseoir sur un coussin sur les genoux d'un ami installé dans le fauteuil roulant. Tout en flattant et en rassurant votre chat, dites-lui: « Reste », pendant que la personne dans le fauteuil roulant se déplace vers l'avant et vers l'arrière, puis vers la droite et vers la gauche. Vous devez vous tenir tout près et constamment rassurer votre chat. Dès qu'il se détend et reste immobile malgré les mouvements du fauteuil roulant, complimentez-le tout en le flattant. Il aura alors appris à rester tranquille dans un fauteuil roulant en mouvement.

Ensuite, en laissant toujours votre chat sur les genoux de votre ami, prononcez des paroles rassurantes en vous approchant avec un chariot ou un déambulateur. Certains chats font peu de cas d'un meuble sur roulettes qu'on approche d'eux, tandis que d'autres se tendent et veulent fuir à la vitesse de l'éclair (comportement de fuite). Rassurer un chat en l'encourageant verbalement et en le caressant suffira généralement à le calmer. Refaites l'exercice autant de fois qu'il le faut pour que votre chat demeure calme et détendu lorsque vous approchez un meuble sur roulettes près de lui. Il faut parfois un certain temps pour habituer un chat à ces objets étrangers, mais cela est absolument nécessaire pour qu'il puisse faire de la zoothérapie.

Certains chats sursautent facilement – le moindre bruit sec et inattendu les fera se raidir et s'enfuir. Un chat « zoothérapeute » ne peut réagir ainsi. Il doit rester calme, imperturbable si un livre ou un plateau, une cuiller ou une tasse de métal tombent soudainement sur un plancher carrelé (ce qui n'est pas rare dans les centres de soins). Répétez encore et encore avec votre chat – laissez tomber des cuillers, des couteaux et des plateaux de métal sur le sol et rassurez-le immédiatement en lui disant : « Tout va bien », « Ne t'inquiète pas », « Reste », « Tranquille », etc. Penchez-vous et flattez-le. Récompensez-le avec une friandise lorsqu'il reste calme et détendu. Demandez à chaque personne présente de le caresser et de le rassurer jusqu'à ce qu'il perçoive le tout comme une expérience agréable.

Quand votre chat aura appris à faire face à toutes les situations auxquelles il pourrait être confronté dans un centre de soins, il sera en voie de devenir un zoothérapeute compétent. Les premières fois que vous l'emmènerez dans un centre de soins quelconque, il sera extrêmement important que vous restiez très près de lui pour pouvoir constamment le rassurer et le complimenter, et même le corriger au besoin. Lorsqu'il se sentira à l'aise dans son nouveau rôle et qu'il y prendra plaisir, vous pourrez vous tenir de l'autre côté de la pièce et le regarder faire son travail.

Les expositions félines

Votre chat peut prendre part à des expositions félines, qu'il soit ou non de race pure. Les expositions félines ont été modernisées et on permet maintenant à tous les types de chats d'y prendre part dans diverses catégories. Même si votre chat n'est pas un animal de concours de race pure, pour quelle raison n'aimerait-il pas se pavaner ? En outre, si vous jugez qu'il a un pelage ou une apparence absolument extraordinaire, vous aurez peut-être envie de l'inscrire à un concours.

Les expositions félines sont très courues et on y voit non seulement toutes sortes de chats mais aussi toutes sortes de gens. Elles sont généralement bruyantes et mouvementées. Un chat très timide qui se méfie des étrangers ne les appréciera guère et y fera habituellement piètre figure. En revanche, un chat extraverti et sociable pourra adorer ce genre d'environnement.

Il y a diverses choses que vous pouvez faire pour préparer votre chat à un concours. Ici encore, votre chat doit avoir pris l'habitude de voyager dans une cage ainsi que de se faire toucher et manipuler par des étrangers. Ce sont là des choses que vous pouvez répéter à la maison. Commandez à votre chat de s'asseoir ou de s'étendre sur le dessus d'une table et de rester bien tranquille. Invitez ensuite une connaissance à le flatter et à examiner son corps, l'intérieur de ses oreilles, le dessous de sa queue et ainsi de suite. Si votre chat résiste, intervenez pour le rassurer et le flatter. Vous devrez refaire cet exercice de nombreuses fois, en utilisant des personnes différentes comme juges si cela est possible, jusqu'à ce que votre chat ne soit plus le moindrement gêné de se faire examiner par un étranger.

Votre chat doit aussi apprendre à rester détendu lorsque vous le transportez dans une pièce encombrée pour vous rendre à la table des juges. Il y a une façon prescrite de tenir un chat lors d'un concours : vous devez lui soutenir les pattes de devant d'une main et les pattes de derrière de l'autre main, tout en étirant son corps horizontalement à sa longueur maximale. Exercez-vous encore et encore jusqu'à ce que votre chat reste bien tranquille quand vous le portez de cette manière.

Dès que votre chat aura appris à se faire manipuler par des étrangers et qu'il acceptera de traverser dans vos bras une pièce encombrée, il sera prêt à prendre part à un concours. Pour plus de renseignements sur les expositions et les concours félins, rendez-vous sur le site Internet de la Cat Fanciers' Association (www.cjainc.org) ou sur mon site Internet (www.pawsacrossamerica.com).

Autres trucs

Si vous avez tous les deux aimé apprendre les quelques « trucs » que je vous ai enseignés, vous aurez peut-être envie d'apprendre à en maîtriser de plus difficiles. En fait, les trucs font merveille en zoothérapie. Les enfants et les aînés – et même la plupart des gens – adorent voir un chat faire des trucs.

La plupart de ces trucs s'enseignent avec le chat sur un comptoir. Les sessions de dressage doivent être courtes et se terminer sur une note heureuse. J'aime dresser mes chats juste avant leur repas du soir. Ainsi, leur séance de dressage prend fin sur une note positive. Vous pouvez aussi donner une friandise à votre chat après une séance de dressage. Surtout, complimentez-le toujours après une telle séance, même s'il n'a pas été particulièrement génial !

Avant de commencer à enseigner un nouveau truc à votre chat, faites une révision de tout ce qu'il a déjà appris, en commençant par « Assis – reste » et « Couché – reste ».

Le tonneau

L'apprentissage d'un tonneau ne doit pas être effectué sur un comptoir, pour des raisons évidentes. Installez plutôt votre chat sur une moquette et faites-lui prendre la position « Couché – reste ». Accroupissez-vous et mettez une main en travers de ses pattes pour l'empêcher de bouger. De l'autre main, tenez une friandise au-dessus et juste derrière sa tête et faites-la bouger. Lorsque le chat tournera la tête pour se concentrer sur la friandise, lâchez ses pattes et dites-lui : « Tourne. » Il tournera naturellement sur lui-même pour atteindre la friandise. Après ce tonneau, complimentez-le et donnez-lui la friandise (remarque : vous pouvez commencer l'exercice avec le chat d'un côté ou de l'autre pour qu'il roule de droite à gauche ou de gauche à droite). Refaites le manège encore et encore jusqu'à ce que vous n'ayez plus besoin de tenir les pattes de votre chat pour lui faire faire un tonneau sur commande. Vous pourrez alors vous tenir debout et lui commander de faire un tonneau.

Le saut à travers un cerceau

Pour apprendre à votre chat à sauter à travers un cerceau, placez-le sur un comptoir dans la position « Assis – reste » et posez le cerceau à plat sur la table devant lui. Mettez une friandise au centre du cerceau. Lorsque le chat marchera vers le centre du cerceau pour s'emparer de la friandise, dites : « Saute. » Ensuite, levez graduellement le haut du cerceau en disant : « Saute », et le chat passera à travers le cerceau pour atteindre la friandise.

Continuez à lever le cerceau de plus en plus haut jusqu'à ce qu'il soit au-dessus de la table. Le chat devra alors sauter à travers pour s'emparer de la friandise de l'autre côté. Complimentez votre chat chaque fois qu'il saute à travers le cerceau. Au bout d'un certain temps, vous pourrez aller une étape plus loin et tenir le cerceau devant une autre table. Le chat sautera d'une table à l'autre à travers le cerceau.

Il y a une autre façon d'enseigner à un chat à sauter à travers un cerceau. Au lieu de commencer en posant le cerceau à plat sur la table, tenez-le bien droit et encouragez votre chat à passer à travers en lui offrant une friandise de l'autre côté du cerceau et en lui disant : « Saute. »

Comme variation, vous pouvez apprendre à votre chat à sauter sur votre épaule. Pour ce faire, mettez-vous une friandise sur l'épaule, tournez le dos à votre chat, tapez sur votre épaule et dites : « Saute. » Votre chat sautera de la table sur votre épaule.

Agiter la patte

« Agiter la patte » est le prolongement de « donner la patte », truc que j'ai décrit au chapitre 8. Faites asseoir votre chat sur le dessus d'une table et faites-lui donner la patte avant de lui offrir une friandise. Puis reculez-vous avec une autre friandise et dites : « Agite. » Le chat tendra une patte de devant pour essayer d'attraper la friandise. Dites ensuite : « Agite », en reculant davantage. Lorsqu'il continuera à agiter la patte, donnez-lui la friandise et complimentez-le. Répétez ce manège jusqu'à ce qu'il sache agiter la patte sur commande.

Ramener un objet

Certains chats apprennent facilement à ramener des objets, tandis que d'autres ne semblent jamais saisir ce qu'ils doivent faire. Si vous commencez à enseigner ce truc à votre chat lorsqu'il est très jeune, il l'apprendra plus rapidement. Attachez un jouet favori, une plume ou un morceau de papier chiffonné au bout d'une longue ficelle. Lancez l'objet à une certaine distance. Lorsque le chaton l'attrape et le met dans sa gueule, dites: « Va chercher », et tirez doucement sur la ficelle. Lorsque le chaton est juste devant vous, enlevez-lui l'objet de la gueule, complimentez-le, donnez-lui une friandise et lancez de nouveau l'objet. Cette fois, dites: « Va chercher », pendant qu'il court vers l'objet. Ramenez l'objet avec la ficelle et relancez-le encore et encore, en félicitant le chaton chaque fois qu'il lâche l'objet. Au bout d'un certain temps, vous n'aurez peut-être plus besoin de tirer sur la ficelle; votre chaton reviendra directement vers vous avec son « trésor » pour obtenir une friandise et avoir le plaisir de vous voir lancer de nouveau l'objet.

Attention! Un chat qui aime vraiment aller chercher un objet peut constamment vous harceler pour que vous lui lanciez un objet.

Parler

Certains chats ont une facilité naturelle pour parler fort et souvent – les siamois se rangent dans cette catégorie. D'autres n'ont à peu près pas de voix et ne font qu'ouvrir la gueule très grand sans émettre de son. Mon chat persan, Chickie, a ce que j'appelle un miaou « silencieux ».

La meilleure façon d'apprendre à un chat à parler consiste à lui donner de l'attention chaque fois qu'il miaule naturellement. Peut-être miaule-t-il lorsque vous ouvrez sa boîte de nourriture. Si c'est le cas, dites-lui : « Parle-moi », pendant que vous préparez sa gamelle. Il apprendra ainsi à associer ces mots à des miaulements. Peut-être miaule-t-il quand il veut que vous le brossiez, auquel cas vous pouvez profiter de ce moment pour lui enseigner à miauler en disant : « Parle-moi. »

Les arts du spectacle

Si votre chat a très facilement appris un certain nombre de trucs, peut-être jugerez-vous qu'il est temps de le faire passer à des choses plus extraordinaires, par exemple lui faire connaître les arts du spectacle – le faire poser pour des annonces publicitaires ou le faire jouer dans des films publicitaires. Si c'est le cas, vous devrez vous assurer que votre chat a du talent et qu'il est disposé à faire de telles choses. Il doit être un animal qui aime rencontrer de nouvelles personnes, qui accepte sans broncher d'être manipulé par des étrangers et qui ne se laisse pas déconcerter par le bruit ni l'agitation.

Votre chat devra aussi s'habituer aux projecteurs et aux caméras. À titre d'entraînement, mettez-lui une bride ou un collier et une laisse, placez-le sur une table et dites-lui de rester. Demandez à une personne de passer et de repasser devant lui avec une caméra et un projecteur pendant que vous vous tenez près de lui et le rassurez. Pour l'amener à regarder la caméra, il peut être utile que vous ou le photographe fassiez pendre un jouet au bout d'une ficelle devant la lentille. Dès que le chat regarde le jouet, il suffit de le retirer pour prendre la photo.

D'autres trucs

Vous pouvez vous servir de vos connaissances du comportement typique des félins pour inciter votre chat à faire des choses qu'il semblera faire sur commande. C'est là un merveilleux atout pour un chat qui s'adonne aux « arts du spectacle ».

Par exemple, si vous voulez que votre chat marche à vos côtés, utilisez la même technique que pour lui faire agiter la patte. Agitez une friandise du bout de vos doigts, tout juste hors de sa portée, et marchez. Le chat marchera naturellement à côté de vous pour suivre la friandise.

Peut-être aimeriez-vous voir votre chat étirer une patte de devant et « choisir » quelque chose sur une tablette de supermarché, comme s'il faisait une publicité pour Tender Vittles. Pour qu'il le fasse, tenez-le dans vos bras et immobilisez toutes ses pattes. En vous approchant d'une tablette, libérez une de ses pattes de devant. Le chat étendra automatiquement sa patte libre pour grimper sur la tablette. Voilà ! Vous avez utilisé un comportement félin typique pour donner l'impression que vous aviez enseigné à votre chat à choisir de la nourriture sur une tablette.

Ces trucs et tous les autres trucs que vous et votre chat avez appris peuvent faire de ce dernier une vedette des médias – mais *seulement* s'il le veut bien.

Pour découvrir comment lancer la carrière de votre chat dans les médias, branchez-vous sur mon site Internet : www.starpet.com

Des Jeux olympiques félins ?

J'aimerais vraiment qu'il y ait une quelconque forme de Jeux olympiques pour chats. Ces jeux consisteraient en des démonstrations d'agilité au cours desquelles les chats et leurs propriétaires s'amuseraient ferme.

J'imagine des chats marchant sur des rampes, traversant des tunnels, sautant à travers des cerceaux et grimpant sur des poteaux recouverts de tissu (des chats avec des griffes, naturellement). J'estime que cela permettrait aux chats d'accéder à un niveau supérieur d'expériences sociales, tout en modifiant complètement la perception que nous avons des chats et de leurs facultés.

Pensez-y !

Appendice

Le prix de bon citoyen félin de la CFA

Les prix et les tests de bon citoyen félin (partenaire et compagnon félin à vie) de la CFA (Cat Fanciers' Association) constituent un bon moyen de juger les bonnes manières de votre chat. Les tests de cette association peuvent être administrés à des chats de race ou à des chats nés d'accouplements au hasard. On demande aux chats de bien se comporter dans des situations de tous les jours.

Le chat doit connaître l'évaluateur ou la personne qui administre le test. Cependant, cette personne ne doit pas être son maître, un membre de sa famille, un occupant de la maison ou une personne qui en prend soin régulièrement. En outre, les tests doivent être administrés dans un endroit neutre à l'extérieur du territoire du chat. Une fois qu'un chat a réussi les quatre tests de base, il devient un « bon citoyen félin » et peut se qualifier pour faire de la zoothérapie ou se lancer dans les arts du spectacle.

Tests de bon citoyen félin de la CFA

Les quatre tests de base

Premier test: Le chat accepte qu'un étranger amical s'approche de lui

Ce test démontre qu'un chat accepte un étranger amical ; il lui permet de l'approcher et de lui parler ainsi que de parler à son maître sans donner de signes d'agressivité ou de panique et sans adopter un comportement de fuite.

Le chat est sur le dessus d'une table. L'évaluateur s'approche du chat pendant que son maître se tient à proximité. Le chat demeure calme et tranquille. Le maître peut rassurer son chat au besoin.

Deuxième test: Le chat se tient tranquille et laisse un étranger sympathique le flatter doucement et le prendre dans ses bras

Ce test montre qu'un chat permettra à un étranger sympathique de le flatter doucement et de le prendre dans ses bras pendant que son maître se tient à proximité. Le chat demeurera calme et détendu, et ne fera preuve ni d'agressivité ni de panique.

Ici encore, le chat est sur le dessus d'une table. L'évaluateur caresse doucement le chat, puis le prend dans ses bras et le tient sans le serrer pendant que son maître reste à proximité. Le maître peut rassurer son chat au besoin.

Troisième test: L'apparence et le toilettage du chat

Ce test montre que le maître d'un chat en prend bien soin et qu'il se soucie de son bien-être. Le chat semble propre et bien entretenu. Il a la fourrure soyeuse et bien brossée, les yeux clairs et exempts de sécrétions dans les coins, les oreilles bien nettoyées et les griffes bien entretenues. Le chat permet à un étranger de lui donner des soins superficiels, de le toucher et de le peigner ou le brosser doucement.

Quatrième test: Le chat va dans sa cage de transport sans se faire prier.

Ce test est très important, car un chat est souvent appelé à aller dans sa cage de transport. Le maître du chat se tient à l'autre bout de la pièce, à côté d'une cage de transport ouverte et placée sur le sol. Le maître encourage son chat à venir vers lui. Lorsqu'il vient, il lui montre la cage ouverte, et le chat y entre tranquillement.

Félicitations !

Si votre chat réussit ces quatre tests de base, il est véritablement un bon citoyen félin et vous pouvez tous les deux en être fiers ! Il est bien préparé à voyager avec vous et à loger dans des hôtels ou chez des gens, et à s'y sentir à l'aise et détendu.

Davantage !

Peut-être voudrez-vous pousser votre chat plus loin et le préparer à faire de la zoothérapie dans des maisons de convalescence ou d'autres établissements de soins. Ou peut-être voudrez-vous l'inscrire à des concours.

Je vous ai indiqué plus tôt comment préparer votre chat à ces rôles plus exigeants; voici quelques tests additionnels que vous pouvez lui administrer à cette étape-ci. Les cinquième, sixième et septième tests visent principalement les chats destinés à la zoothérapie; le huitième test peut aussi être utile pour la zoothérapie, mais il est nécessaire pour les expositions et les spectacles.

Cinquième test: Le chat se laisse mettre une bride (ou un collier) avec une laisse et se laisse transporter dans une pièce pleine d'étrangers sans montrer de signes de peur ou de panique. Ce test sert à s'assurer qu'un chat est en sécurité dans un endroit public et qu'il peut être maîtrisé en toute situation, ce qui est généralement une condition des maisons de convalescence et autres établissements de soins pour admettre des chats. Un chat qui a appris à porter une laisse peut être amené dans un groupe de personnes, où il restera calme et sous la responsabilité de son maître en tout temps.

Sixième test: Le chat demeure calme lorsqu'il est exposé à des « distractions », comme des bruits forts, des mouvements soudains ou des objets non familiers, tels que des fauteuils roulants. Il est important que votre chat passe ce test s'il doit faire de la zoothérapie dans une maison de convalescence ou un hôpital, où il sera en présence de divers objets inconnus ou étranges. Pour ce test, le chat doit porter une bride ou un collier avec une laisse. Il doit demeurer détendu (son maître peut le rassurer) pendant qu'une personne s'approche avec un objet non familier, comme un fauteuil roulant, un poteau de perfusion ou un déambulateur. Il doit aussi rester calme s'il entend un bruit soudain, comme un livre ou quelque autre objet qui tombe sur le sol. Des encouragements continuels sous forme de caresses et de mots rassurants sont utiles.

Septième test: Le chat laisse quelqu'un le mettre sur les genoux d'un étranger sympathique et y reste tranquille jusqu'à ce que son maître vienne le chercher. Un chat qui doit faire de la zoothérapie doit réussir ce test. Son maître le prendra dans ses bras pour le mettre sur la couverture ou le coussin posé sur les genoux d'un étranger en prenant soin de le flatter de la tête à la queue et de le rassurer. En déposant le chat sur les genoux de l'étranger, le maître doit dire: « Reste », avant de s'éloigner un peu. Le chat reste tranquillement installé sur les genoux de l'étranger jusqu'à ce que son maître vienne le chercher.

Huitième test: Le chat se laisse transporter à travers une pièce où il y a beaucoup de monde. Un chat de spectacle doit réussir ce test. Le maître tient son chat en le soutenant à l'aide de ses deux mains, l'une sous ses pattes de devant et l'autre sous ses pattes de derrière. Le corps du chat est étiré à l'horizontale dans la position voulue. Le chat demeure calme et détendu pendant qu'il est transporté à travers la pièce.

Glossaire

Quelques termes fréquemment utilisés en parlant des chats

Arrosage d'urine : arrosage d'urine vers l'arrière, contre un objet debout ; comportement très courant chez les matous, bien que les femelles et les chats castrés puissent aussi arroser, étant donné que les marques territoriales sont souvent attribuées au stress.

Brachycéphale : qui a la tête ronde, le museau court et aplati, de petites narines et des yeux proéminents (par ex. les himalayens).

Chat nocturne : chat actif la nuit.

Chat sauvage : chat non dressé et non socialisé ; dans une maison, un chat plutôt sauvage cherchera à faire « peur » aux étrangers et dominera souvent les autres chats mieux socialisés de la maison.

Chatte : chat femelle non stérilisé.

Cycle œstral : cycle des chaleurs.

Ergot : griffe supplémentaire se trouvant à l'intérieur des pattes de devant.

Féral : animal sauvage, non domestiqué. Se dit d'un état sauvage succédant à un état domestique.

Matou : chat mâle non castré.

Œstrus : chaleurs.

Pica : tendance à manger des substances impropres ou étrangères à l'alimentation.

Polydactylie : anomalie congénitale caractérisée par la présence d'orteils supplémentaires, généralement sur les pattes de devant.

Vulve : organe génital extérieur des femelles.

Table des matières

Achevé d'imprimer au Canada
en juillet 2003
sur les presses de l'imprimerie Transcontinental inc.
Division Imprimerie Gagné